求人不如求己

雨岑　著

吉林文史出版社
JILIN WENSHI CHUBANSHE

图书在版编目（CIP）数据

求人不如求己/ 雨岑著. -- 长春：吉林文史出版
社, 2019.4

ISBN 978-7-5472-6114-9

Ⅰ.①求… Ⅱ.①雨… Ⅲ.①人生哲学－通俗读物
Ⅳ.①B821-49

中国版本图书馆CIP数据核字(2019)第073316号

求人不如求己

出 版 人　孙建军
著　者　雨　岑
责任编辑　弭　兰　杨　卓
封面设计　韩立强
出版发行　吉林文史出版社有限责任公司
地　址　长春市福祉大路出版集团A座
网　址　www.jlws.com.cn
印　刷　北京楠萍印刷有限公司
版　次　2019年4月第1版　2019年4月第1次印刷
开　本　880mm×1230mm　　1/32
字　数　140千
印　张　8
书　号　ISBN 978-7-5472-6114-9
定　价　38.00元

前　言

有些人总是抱怨自己的不幸，如工作不够体面、收入不够开销、人脉不够宽泛、事业处处碰壁等，但被旁人劝告积极一些、去做些实质性的努力时，他们总会用"不是那么容易的""你以为我不想啊，但是……"之类的话来回答。仿佛自身的境遇，全归于命运的不公和他人的"薄待"。

前段时间，唐伟刚入职一家广告公司，适逢公司新项目上线，领导要他做个活动策划。但唐伟是个新手，没有什么经验，怎么办呢？唐伟想到大学同学群，找到后发了个红包，请求大家给自己推荐一些方案。但唐伟很快发现，同学们要不就是"潜水"，要不就是说不太会。唐伟没有办法，只好硬着头皮去写，但由于欠缺思路，策划方案写得一塌糊涂，没过试用期就被辞退了。

后来，一想到这件事情，唐伟总是满腹怨言地说："这些人领了红包却不做事，真是世态炎凉。如果当初有人帮我一把，我也不至于落得如此狼狈。"

唐伟的遭遇，真的是他人所致吗？遇到问题的时候，自己为什么不想办法解决呢？没做过策划，不知道怎么做，与其开口向别人求助，不如自己先好好学习和思考，最简单的，你可以去网络上搜查！要知道，有些问题不须要求助于别人，就能轻松地获得答案，自己为何不去想、不去查呢？

在快节奏的生活中，每个人的时间都很宝贵，能做的事就自己做，能做但比较难的事自己也要尽力做，实在做不了的事再求助他人也不迟。即便遇到问题，每次都有人可以依赖，有人可以帮着解决，但现实告诉我们，如果做什么都依赖别人，久而久之，你就会忘记自己是谁。

这样的例子还少吗？有些女人认为自己天生是弱者，在经济上依靠男人的供养，在精神上依附于男人，甚至放弃自我学习与自我提升，结果就像《我的前半生》中的罗子君，当被男人抛弃时，感觉天都要塌下来了。虽然罗子君后来通过自身的不懈努力，最终过上了想要的生活，但这个代价未免太大了。

无论精神还是物质，都不要太依赖别人。别人能给你的，就一定能拿走。只有自己的，才是永远拥有的。如果你觉得生活过得不如意，不要抱怨命运，不要责怪他人，而要从自身角度出发去改变现状。认真思考你想过什么样的生活，你为之努力了吗？如果自己做得还不够，那就做出积极的改变。

有这样一则故事，言简意赅，却意味深长。

苏东坡与佛印禅师同游灵隐寺，来到观音菩萨像前，佛印禅师合掌礼拜。

其间，苏东坡提了一个问题："人人皆念观世音菩萨，为何他的手上也和我们一样，挂着一串念珠？观世音菩萨念谁？"

佛印禅师答："念观世音菩萨。"

苏东坡问："为何也念观世音菩萨？"

佛印禅师答："他比我们更清楚，求人不如求己。"

求人不如求己，求己是把解决问题的基点放在自己身上。

一撇一捺组成一个"人"字，这是支撑我们走路的两条腿。本书立志于此，融心理解禁和实践操作于一体，害怕时坚持，有困难去克服，戒掉贪吃，变懒惰为勤奋，不会就去学，想要就去做，层层递进，一步步教你如何变被动为主动，设法主宰自己的命运，激发尚未开发的潜力，修炼把难题变成机会的能力。

　　每个渴望成功的人都应该认识到，不论出身如何、资质如何，我们就是一笔财富，自身的努力和智慧就是成功的支点。

　　当人生的大部分事情是靠自己解决时，我们内心会充满一种掌控感和幸福力。可控的事情越多，你的内在力量越强大，进而就会产生一种毫无畏惧的感觉。当生活遇到难题或充满挑战时，你不再寄望他人，不再唯唯诺诺，而是走路生风、勇往直前。人生活在这种正向循环里，是一件多么美妙的事。

　　你终会发现，那些想要的生活，都将因你而来；不想要的，也都将因你而去。

目　　录

Chapter 1　当你变得积极正能量，生活将焕然一新 ……… 1

01/ 等待和依赖本来就靠不住 ………………………… 2

02/ 停止抱怨，是一切变好的开始 …………………… 5

03/ 当你开始主动，世界就会为你让路 ……………… 10

04/ 好与坏之间只是一念之差 ………………………… 13

05/ 下定决心改变，就不要瞻前顾后 ………………… 16

06/ 爱笑的人运气肯定错不了 ………………………… 19

07/ 积极生活，从打扫房间开始 ……………………… 22

08/ 发动一场自我革命，你敢吗 ……………………… 26

09/ 越自律的人，人生越容易开挂 …………………… 29

Chapter 2　找回内心的安宁，心若不动，风又奈何 ……… 33

01/ 能控制自己情绪的人，绝对是人上人 …………… 34

02/ 不要随意发脾气，毕竟谁都不欠你 ……………… 38

03/ 世界是喧闹的，但你可以闹中取静 ……………… 41

04/ 有时候，想得太少反而更好 ……………………… 44

05/ 激情在哪里，动力就在哪里 ……………………… 47

06/ 有些"病"是自己想出来的 ……………………… 53

07/ 人生从来都是自己做主的 ………………………… 57

Chapter 3　给自己修出一条路，一条将崎岖变得平坦的路 … 61

01/ 限制了生活的，往往是我们自己 ………………………… 62

02/ 不要让懒惰操纵你的人生 ………………………………… 64

03/ 充满善意的人，也会被善意温柔以待 ………………… 66

04/ 一个人悲观与否，来自自己的选择 …………………… 68

05/ 远离你身边低层次的圈子 ……………………………… 71

06/ 你的朋友圈是一种怎样的存在 ………………………… 77

Chapter 4　时间是最值钱的资本，不虚度光阴，

才不枉此生 ………………………………………… 83

01/ 你的时间都去哪儿了 …………………………………… 84

02/ "21天不玩手机"，你能做到吗 ……………………… 88

03/ 娱乐的是时间，荒废的是自己 ………………………… 91

04/ 不能游戏人生，否则一事无成 ………………………… 94

05/ 自制力就是你的"中流砥柱" ………………………… 100

06/ 每一段青春都是限量版 ………………………………… 103

07/ 将时间花费在有意义的事上 …………………………… 105

Chapter 5　你只有变得非常强，世界对你的限制

才会逐渐放开 …………………………………… 107

01/ 好性格才是真优秀 ……………………………………… 108

02/ 为什么要自卑，你可以努力变更好啊 ………………… 112

03/ 平庸，往往来自贫瘠的大脑 …………………………… 115

04/ 思想在高处，人才能脱离平庸 ………………………… 117

05/ 你的见识，决定了你的言辞 …………………… 121

06/ 主动去交往，路才能越延越长 ………………… 124

07/ 你不满意的，正是你所需要提升的 …………… 126

Chapter 6 现实与理想总有一定距离，

幸好你还在努力 ………………………… 129

01/ 只有每天进步才是最稳定的生活 ……………… 130

02/ 遇事要多问几个"为什么" …………………… 132

03/ 再坏的结果，也好过"没有做" ……………… 136

04/ 请在第一时间就行动起来 ……………………… 138

05/ 所有伟大都在平凡中孕育 ……………………… 142

06/ 每天拿出一小时，创造你的奇迹 ……………… 145

Chapter 7 当你开始爱自己，所有美好都将如期而至 … 149

01/ 其实你很好，只是不自知 ……………………… 150

02/ 健康是1，其他一切都是零 …………………… 154

03/ 你熬的不是夜，而是生命 ……………………… 158

04/ 高效的工作需要劳逸结合 ……………………… 161

05/ 好好对待"胃先生"，他好，你才好 ………… 164

06/ 其实运动没有你想的那么累 …………………… 166

07/ 永远不要做别人的"垃圾桶" ………………… 170

Chapter 8 和所有喜欢的一切在一起，并且毫不妥协 … 173

01/ "讲究"和"将就"是努力的差别 …………… 174

02/ 认真对待你的工作，要干就好好干 …………… 179

03/ 找到你真正的爱好，并坚持下去 …………………… 182

04/ 一辈子那么长，为何凑合着爱 ………………………… 185

05/ 不将就的理由只有一个——"我喜欢" …………… 188

06/ 喜欢的就去争取，不要怕辛苦 ……………………… 190

Chapter 9　跌宕起伏的人生，越过沧海，便是桑田 …… 195

01/ 没有谁的人生是容易的 ………………………………… 196

02/ 人的力量，首先来自信念 ……………………………… 199

03/ 在反对的声音中，沉默着努力 ……………………… 201

04/ 迎着困难上，挺住就是胜利 ………………………… 204

05/ 未到人生终点，任何结论都为时过早 …………… 208

06/ 只要你还有决心，就可以重来一次 …………… 211

07/ 在困顿之时，把希望填满 …………………………… 214

Chapter 10　从小世界走向大世界，相信生命中的

无限可能 ………………………………………… 219

01/ 未来的路只有一条——逃离"舒适区" …………… 220

02/ 有危机感的人，都是有远见的人 ………………… 225

03/ 因为我更向往征服更高的山 ………………………… 229

04/ 不仅要定目标，还要做计划 ………………………… 232

05/ 去寻找那个点燃你的"引信" ……………………… 235

06/ 记住，你不是一个人在战斗 ………………………… 238

07/ 越折腾，越优秀 ………………………………………… 242

08/ 迈出人生第一步，没你想的那么难 …………… 244

Chapter 1 / 当你变得积极正能量，生活将焕然一新

　　每个人依靠的只有自己，也只能是自己，你才是自己世界的主人。当你想让自身的境遇有所改变时，就要让自己变得积极、有正能量，以一种好的姿态迎接每一天。只要开始做一些积极的改变，哪怕很小，你的生活也会焕然一新、大变样！记住，当你改变自己时，一切都将改变！

01/ 等待和依赖本来就靠不住

当感到无助时，你会怎么做？当遇到解决不了的难题时，你会怎么做？当愈发地没有安全感时，你会怎样？此时，不少人会从他人身上寻求慰藉与支持，希望尽量减少自己身上的负担，延长休息时间，少承担责任。于是，他们的生活不可避免地出现以下三个特征，层层递进，绝无例外。

等待

等待成了生活的常态，一件须要立刻去做的事，他们不紧不慢，想要等一等。为什么要等？他们等着有没有别人去做，或者等着自己有了做的心情再做。一件事须要动脑思考，他们也要等，等着别人想到好办法再说。实在须要自己想，也要先打开网络搜索一下，总之，能不用脑就不用脑。他们本来应有很舒适的生活，但这种生活正在他们的懒惰中落空。他们看上去那样悠闲、那样无所事事，谁能知道他们只是在等待，等待不劳而获。

依赖

依赖成了他们的救命稻草。在生活上，他们依赖自己的父母和伴侣；在工作上，他们依赖上司和同事；在其他方面，他们依赖朋友。他们已经很久没有自己拿过主意，已经很久没有主动做过什么，他们等待着命令，等待着帮助，把自己的付出减少到最小，而对别人的期望却在成倍增加。可是，不会有太多人愿意长久地被他们依赖着，他们开始失望，开始觉得别人靠不住，但他们依赖惯了，还是会厚着脸皮恳求别人，完全忘记了自己明明不比别人差。

落空

如果总是习惯性地依赖别人，这种行为模式只会使自己越来越脆弱、懒惰、缺乏自主性。等到有一天孤立无援的时候，又开始抱怨命运的捉弄。他们跟不上时代和潮流，他们掌握的都是老旧的知识，他们的应变能力一直降低，他们甚至不再自信，害怕面对风险。于是，他们只能继续等待和依赖。但别人的恩惠与庇护毕竟只是一时，没有谁能长久地保护你。他们终会发现，人生中的一切都在落空。

等待、依赖、落空，不论是谁，只要习惯了等待和依赖，丧失进取心，一定会面对这样的结果。等待和依赖本来就靠不住，只有个人的奋斗才是实实在在的。如果还有人要为自己找辩护理由，不妨看看下面的故事。

一个乞丐走在街头，他只有一只手臂，他年纪不大，只有15岁，他正看着铅色的云层发愁。看来要下雪了，他身上穿了一件好心人送给他的旧羽绒服，倒还暖和。他的问题是肚子太饿，已经三顿没饭吃了，街上的人着急回家，谁也不愿停下来给他几个硬币。

他疲惫地走到一所房子前，那房子看着很大，也许他能得到一碗饭。他按下门铃，一个老妇人隔着铁门打量他。他不用费口舌说明来意，脏脏的头发和不精神的样子，已经说明了他的身份。他特意晃晃身体，让老妇人注意到他那条空荡荡的袖口，想要激发她的恻隐之心。

老妇人不为所动，她说："我这里没有多余的饭，但是，如果你帮我把堆在后院的那些煤块搬进屋里，我会给你1美元，还会给你一篮面包。"

乞丐愤怒了，他说："你在嘲笑我吗？我这个样子怎么搬煤？你难道没看到我只有一只手吗？"

老妇人说："一只手为什么不能搬？就连我这个老太太，也可以用一只手拿起煤块，你是个身强力壮的年轻人！"说着，她带他进了后院，用一只手拿起一块沉重的蜂窝煤，提进屋子。乞丐想了想，终于开始干活。他肚子饿，又只有一只手，搬这些煤块累得他气喘吁吁，但他终于拿到了1美元和那篮面包。

这件事给了乞丐很大的启示，他开始找工作、打零工，自食其力。一开始没有人雇用他，好在人性本善，一些小店的老板照顾他，给了他一些工作。这个故事的结局并不是乞丐成了大老板，而是他结束了乞丐生涯，经过十几年努力，自己也开了一间食品店，有了家庭。他也没有亲自上门对那位老妇人诉说自己的感谢，只是在老人来店里买东西时，多送一些蔬菜和水果。他知道这间小店，就是对老人的教诲的最好感谢。

这位乞丐，只要他不停乞讨，他就可以不劳而获，有吃有住。在他们看来，这样的生活又自在又省心。他们等待着他人的施舍，依靠着他人的同情，人生目标就是吃一顿饱饭。故事里的这个乞丐倘若不遇到那位严格的老妇人，也许早早就结束了生命，死在疾病和困顿之中。

不论生活有怎样的困境，不论舒适区外有怎样的危险，人能够依靠的只有自己，而不是别人。自己不努力，等待别人的帮助，就是放弃了自主地位，完全沦为他人的附庸，很快就会和乞丐没有本质区别。自己不经营，他们就会丧失自身的能力。

不如从一开始就抛弃等待和依赖的想法，生活可以舒适，但不能沉溺于舒适，只有不断挑战、突破自我，才能得到锻炼。当你发现自己能做的事越来越多、成就越来越大，就会发现过去的自己那么狼狈不堪。把握自己的生活，更大范围地运用自己的时间，才是最大的幸福。

02/ 停止抱怨，是一切变好的开始

你身边有没有这样的人？

他们看上去很普通，有一点儿小才能、小聪明，至少有一点儿让他引以自豪；他们的脾气不错，很好说话，托他们办事多半会答应；他们不太爱出风头，对出风头的生活有点向往；他们常常语重心长地拉住你，说一些人生经验教训，让你引以为鉴；他们一般不得罪人，有意见很少当面说，默默忍着……

他们最大的特点就是爱抱怨：

他们认为自己怀才不遇，经常抱怨工作不适合自己，环境埋没自己；

他们吹嘘自己有过很好的机会，可惜因为某某原因而放弃，于是，"当时我如果……现在……"

他们的眼睛总是盯着小事，把小事无限放大，说个没完；

他们希望被人当作"好人"，但帮人做事时，又忍不住抱怨；

他们性格软弱，不敢当面与人争执，只在背后默默唠叨；

他们特别爱和别人说自己的"不幸"，希望得到别人的同情；

他们比一般人更要面子，别人无意中说的话，有时也刺痛他们的内心，让他们气愤；

他们对所有事都习惯性地挑剔一番，抱怨几句。

你身边一定有这样的人，他们时而像孔乙己，告诉你"茴字有四种写法"，时而像祥林嫂，反复唠叨自己的不幸。他们既自负又自怜，一边向身边的人显摆自己所谓的能力，一边又希望得到身边人的同情。他们整天不是唉声叹气，就是抱怨连连。

　　和他们共处一室，你会觉得气氛都是低沉的，心情也是糟糕的，即使有什么好消息，也会被他们丧气的言语冲散。他们从不积极地面对什么，从不主动地争取什么，他们等着、盼着、哀叹着机会为什么不降临到自己头上。和他们在一起，你感受不到任何正能量，你只是他们的垃圾桶，专门装他们倾诉的那些毫无营养的经历。

　　他们每天的心情都不好。总有事情让他们烦恼，就算没烦恼，他们也要自寻烦恼。似乎烦恼才是他们的主业，叹气才是他们的呼吸方式。国家大事、国民经济、足球网球、广告商品、歌星影星、正餐快餐、运动休息、超市打折、公交堵车、同事升迁……所有大的、小的和他们完全不相干的事，只要他们看到、听到，就都能结合自己的经历烦恼一番。

　　他们担心的事很多很多。担心自己的工作做不完，担心别人的工作做不好拖累自己，担心上司看不到自己的努力，担心自己没有学到有用的东西，担心别人抢走自己的创意，担心同事对自己有意见，担心老板决策失误，担心公司倒闭，担心行业前景……关于生活的担心，更是无所不有。其实，他们连自己的本职工作都还没做好呢。

　　他们不满的事多得说不完。邻居家的一声狗叫，同事的一个呵欠，只要他们心情不好，就都成了不满的理由，需要唠叨几句。偏偏他们很少有心情好的时候，他们总是沉浸在对过去的怀念和对现实的不满中，把现实和幻想不断做比较，挑剔现实的种种"不好""不对""不合理""不舒服"，却不知道最让人不舒服的，其实是他们自己。

　　你身边一定有这样的人，你安慰过他们，鼓励过他们，帮助过他们，可是他们不太领情，依然我行我素，继续满腹抱怨。你终于忍无可忍，抓着个朋友一股脑儿地倾诉他们有多么极品、多么令人不快，倾诉这样的环境给你的心灵带来的伤害，倾诉你每天都被折磨，倾诉你的不幸……

等等，抱怨的人怎么变成了自己？

是的，当你不得不忍受别人的抱怨时，也要及时反思自己是否也和他们一样，也许，你早已是别人心目中的"祥林嫂"，快检查一下自己最近的状况，看看你是不是也感染了"抱怨病毒"，整天抱怨个没完。

想要查看自己是否被抱怨"大神"附体，有一个最简单的办法：拿个小本子，记录一下自己最近的口头禅，如果发现"讨厌""烦死了""受不了了"这一类的抱怨词频繁出现，恭喜，你离人见人烦的境地不远了。也许，你已经成了一个万人嫌的抱怨鬼。

珊珊有种感觉，她的朋友似乎越来越少了。

珊珊是个脾气不错、长相舒服的姑娘，她的开朗个性使她结交了很多朋友，看看她的微信分组，就知道她的人缘有多好。在大学里，她和同宿舍的人，和班上的同学，和系上的朋友，甚至学校的很多干部都走得很近，大家都喜欢她爽朗和幽默的性格。工作后，他们依然保持着良好的关系，同城的朋友还会经常性聚一聚。

不过，这半年，珊珊发现主动和她联系的人越来越少，她主动联系别人，大多得到"正在忙，下次再说"一类的回复。起初，她以为工作一两年后，朋友们疏远是正常现象。接着，她又认为大家的确都忙得很，没空聊天。再后来，她发现以前的朋友们仍然在聚会，只是很少有人叫她，她心里很不是滋味。

珊珊实在想不明白，就对一个老朋友抱怨这件事，老朋友沉默地陪了她大半个钟头，看她敲出的长篇大论，最后将那些长长的抱怨复制给她，对她说："你自己看看吧，现在你和人说话，总是一大堆抱怨，抱怨上司、抱怨同事，大家劝你一次两次还行，谁愿意每次都听你的抱怨呢？你以前很少抱怨，现在好像变了一个人。"

珊珊恍然大悟，原来这才是她被朋友疏远的原因。

珊珊翻开近一年和朋友们的聊天记录，果然，从前的问候、玩笑、有趣的分享都没了，都是她单方面的抱怨，说她有多么不喜欢现在的工作，上司对她多么不公平，她有多么委屈。珊珊看着看着，忍不住流下冷汗，别说别人，就连她自己，看到这大段大段的抱怨，都觉得脑袋疼，难怪别人躲着她。

那个晚上，珊珊第一次检讨自己，不只检讨自己对朋友的态度，更重要的是检讨自己的工作态度和为人处世的态度。抱怨能够帮她解决工作上的瓶颈吗？抱怨能让她的上司不挑毛病吗？抱怨能让她的同事不再针对她吗？显然不能。她找朋友们抱怨，固然抒发了一时的怨气，却对改变现状没有任何帮助。

珊珊决定从明天开始，减少抱怨，杜绝抱怨，她暂时屏蔽了亲朋好友，以免自己忍不住找他们诉委屈。她要从根本上改掉这个毛病，接受环境，锻炼自己的能力。带着这样的构想，珊珊睡了一个安稳觉，第二天，活力充沛地走向公司。

为什么抱怨的人讨人嫌？

从表面上来看，他们的唠叨影响了他人的心情。现代社会，每个成年人都有很大的压力，都须要排遣和发泄，也需要相互安慰和相互扶持。一对朋友互相说说生活中的糟心事，相互劝勉一番，双方都能打起精神。但是，倘若一方不间断地发泄，另一方长时期被迫倾听，日子久了，友情的小船早晚因为失衡而翻到水里。不是朋友无情，是你自己太没分寸，根本不考虑对方的感受。

从实质上看，抱怨是在掩盖无能的本质。能够解决事情的人，不会长时间地发抱怨，有那个时间，他们会想尽办法攻克难关。只有那种无法战胜困难却又不甘心失败的人，才会没完没了地抱怨。这样的人当然会引起别人的厌烦。碍于情面，别人不会直截了当地说："你自己没用，抱怨别人做什么。"起初，他们也许会同情你的遭遇，理解你的失利，甚至想要帮助你。但是，在面对你无止境的唠叨时，他们渐渐改变了自己的判断，认为理解你和帮助你都没有什么必要，他们只会认为一个抱怨的人就是一个没用的人。

　　想要避免这种判断，就要警惕自己的抱怨行为，从口头禅开始警惕！何必整天把"烦""受不了"挂在嘴边，让所有人分担你的负面情绪？将心比心，你希望身边有这样一个人吗？当你懂得为别人着想，也懂得经营自己的形象时，你就会主动收起抱怨，专心致志地做自己该做的那些事。这时候，人们会认为你是一个务实、不抱怨、有长远发展的人，你会明显地感觉到，越来越多的人开始尊重你、欣赏你。你的口头禅，也变成"好""放心""没问题"，这才是最理想的人生状态！

03/ 当你开始主动，世界就会为你让路

有人说，人的命运如水一般只能随波逐流。

请注意，这是被动人生所呈现出来的生存状态！被动的人生，往往没有能力产生自我成长的能量，也无法挣脱外在事物的束缚。正是这种内在混乱的人生模式，使我们充满了沮丧和失望！因为我们会发现，自己对人生有着巨大的无力感和惶恐感，渐渐也会堆积成人生毫无意义的最终体验。

其实，我们完全可以避免这样的状况发生，这就需要主动的人生。

什么是主动的人生？

主动意味着承担。例如想主动和人谈话，就要找话题、研究对方的性格和兴趣、考虑对方的心情、承担不冷场的责任，甚至要面对可能的拒绝。相反，被动的人只需要别人找话题，高兴了应和两句，不高兴客气两句，舒舒服服地当一个人际关系的享受者，何乐不为？为什么一定要主动去说话呢？

推而广之，很多情况下，主动就意味着你要做更多事。工作时主动是给自己揽活，集体活动时主动就要负责组织，在生活中也是如此。那些沉溺于自我舒服的人，怎么会做这么"笨"的事。所以，他们只当接收者、附和者、追随者。不过，不论有什么结果，他们必须同样承担，那结果未必是好的。

为什么还要提倡主动？因为主动代表着你可以控制局面，你可以把握方向，你可以决定一件事的过程，你可以及时退出。而被动的人一直在被他人推着走，的确，他们享受了一些照顾、一些便利，但随

之而来的就是主动权的丧失，他们按照他人的想法经营一段关系、完成一个项目，就算自己想要提一点意见，主动权却在别人手里，他们随时可能被抛弃！

主动最大的作用，就是可以给你带来更多更好的机会。主动出击的人总能有所斩获，被动的人只能等别人来找他，可是世界上又有几个诸葛亮，值得别人三顾茅庐？普通人抱着"是金子一定会发光"的思想，等啊等啊，等到老也是个普通人。

阻碍主动的是什么？是长期以来形成的性格习惯，以致你已经察觉不到有什么地方需要主动。工作有人安排，有固定的朋友圈，有正常的生活，按部就班就很舒服，要主动做什么？何况这种生活并不轻松，又忙又累，难道要主动给自己找更多的麻烦？

当然要找！工作有人安排，加薪需要你主动；旧朋友已经固定，新朋友需要你主动；生活平淡如水，想丰富起来需要你主动。一句话，为了你的生命更有质量，你不主动，谁还会逼着你主动？如果你还觉得自己太累、太忙，只想懒着、拖着、舒服着，建议你仔细看看加拿大老太太麦卡利恩的故事。

麦卡利恩神态坚毅、精力充沛、思维敏捷，是一个行动派。她年轻时是一名冰球运动员，曾参加过不少国内比赛和国际比赛。后来，她选择从政。她于1978年担任加拿大密西沙加市市长，这一干，就是30多年。

你一定认为她已经退休了吧？没有。当她的事迹被记者们大肆报道时，她还没有退休的迹象，她依然保持着大刀阔斧的工作风格，承担繁重的工作，并且得到市民们的支持。市民们都喜欢这位市长，因为她不懈地努力，密西沙加市成了加拿大"最安全的城市"和"最适宜居住的城市"，他们每一次都愿意把选票投给老市长，尽管，她已经到了89岁高龄。

89岁又怎么样？除了外貌，麦卡利恩根本没有衰老的迹象。每天，她自己开车去市政府，亲自写各种演讲稿，不断去社区参与活动，与市民进行面对面的交流。工作结束，她自己到菜市场买菜，回家亲自做饭。她不需要司机，不需要秘书，不需要佣人，一切都自己来，她有这个能力。

有人问她什么时候退休，她说，她觉得自己还很年轻，能一直干下去。"等到有一天密西沙加市的老百姓不选我了，我再退休不迟。"可是，哪个市民不愿意选她呢？尽管她已经老了，人们依然看到她精力充沛地奔波在社区，了解市民反映的情况，并做出有效的决策。人们切身地感受到密西沙加市在她的管理下，一直稳定、和谐。

更何况，人们衷心佩服这位老太太，高龄的她健康、高效，成了许多市民的榜样，让人们看到了生命的坚韧和奋斗的美好，让人们相信一切都不晚。当老市长出现在庆祝活动现场，向人们挥手时，人群里爆发了热烈的掌声，人们祝福老市长，那声音是一曲生命的礼赞。

看看，89岁的老太太尚且如此主动，热爱生活，你还有什么借口可以偷懒呢？赶快行动起来，现在就去缔造你的美好生活吧！

04/ 好与坏之间只是一念之差

2016年5月25日，105岁高龄的杨绛先生在北京协和医院去世。在古代，人们称呼有学识的人为"先生"。不论男女，只要学识渊博、德高望重，都会获得"先生"的称呼，这个传统一直持续到民国。时间流逝，女先生们都已作古，杨绛一直被称为"中国最后一位女先生"，如今她也驾鹤西去，令人惋惜不已。

在惋惜声中，人们重新审视了杨绛的一生。她被丈夫钱锺书称为"最贤的妻、最才的女"，她是才女，在文学和翻译上均有建树，市面上流传最广的《堂吉诃德》中译本，就是她的手笔；她的散文写得独有味道，记录一家三口生活的《我们仨》一直是图书畅销榜的常客；她经历过数次革命、新中国成立、"文革"，而且经历了丧女之痛和丧夫之痛，可谓坎坷；她在100多年的生命里，却保持着积极的生活心态，让人羡慕不已。

对于人生，杨绛先生说过这样一段话：

"上苍不会让所有幸福集中到某个人身上，得到爱情未必拥有金钱；拥有金钱未必得到快乐；得到快乐未必拥有健康；拥有健康未必一切都会如愿以偿。保持知足常乐的心态才是淬炼心智、净化心灵的最佳途径。一切快乐的享受都属于精神，这种快乐把忍受变为享受，是精神对于物质的胜利，这便是人生哲学。"

这是一种与生活和解的心态，也是一种知足常乐的人生哲学。靠着这种心态，她才度过了屡次伤痛；才在高低起伏的人生中取得了自己的成就；才能保持身心健康，颐养天年；才会获得世人的高度评价。她代表的正是一种积极充实的生活。如今她去世了，这种生活智慧不应该随她而去，而应该被后人继承。这也是对她最好的纪念。

你对生活有怎样的心态？

幸福的生活来自好的心态，相对地，不幸福的生活与消极心态有莫大的关系。杨绛先生的105年人生历程，比大部分现代人都要坎坷，但她一直保持着平静和宽容的心态，这也是她能够高寿的原因之一。年轻人没有饱经沧桑，难有过来人的淡定，但这种态度依然能给我们很多启示。特别是那些消极的人，真应该好好学学。

世界上没有绝对的事物，消极和积极相应而生，即使积极的人也会有丧失信心、跌入低谷的时候；多数消极的人也不会选择黯然离世，还是靠着一些希望努力着。所以，绝大多数人的心态都在消极和积极之间，所谓"消极的人"，是那些总是给自己消极暗示的人，并不是说他们无法积极，他们完全有积极的能力。

人们或多或少都给过自己消极的暗示：想要完成一个任务，害怕自己能力不够，就对自己说："也许不会成功吧。""结果不要太差就好。""怎样才能应付过去？"这就是消极状态，想要的不是做好、做得更好，而是"过得去"。那些十足消极的人更没信心，他们从一开始就相信自己会失败，甚至不愿接受这个任务，成了"缩头乌龟"。

大多数人最初不是那么消极，相反，小时候我们都会得到来自父母师长的很多鼓励，鼓励我们勇敢，夸奖我们优秀，让我们得到很多自信。但是，当我们看到同龄人中有那么多的优秀者，又在成长过程中经历了一次又一次的失败，我们不得不正视自己的缺点，不得不承认自己的能力不足，这时消极心理产生了，我们开始惧怕下一次失败。

消极的暗示开始在我们生活中蔓延，起初只在大事上让我们犹豫；大事上的耽搁甚至失败让我们进一步否定自己，我们开始认为自己做不好很多事；怀疑进一步加剧，日常生活中遇到一丁点儿的挫折，我们就会将原因归结到自己能力不足，于是越来越没有信心；因为没信心，我们又做错了很多事，失败观念不断加深……最后，我们不论做什么事都开始担惊受怕，不断问自己："我真的能做好吗？"

当生活中充满这样的暗示，我们没法从容地面对他人，没法自信地面对挑战，没有底气去说服别人，也没有勇气去坚持自己的决定。我们开始优柔寡断，开始拖延、敷衍、暴躁，开始找不到自己的位置。我们知道这样不好，试图让自己振作，我们战战兢兢地尝试着，因为心理不够坚定，一丁点儿失败就又一次把我们打回原形。

那么，消极的暗示究竟是什么？这并不深奥。就像一个没带伞的人，突然遇到了下雨天。倘若他一直暗示自己"雨不会停""我总是这么倒霉""我一定会感冒""我为什么不带伞呢""我怎么能不看天气预报"，任这些自责、自怨情绪蔓延，他的心情肯定会一团糟。其实，每个人都会遇到这种情况，只要赶快跑出去搭上一辆车，不就可以很快回家了吗？

说穿了，消极就是下雨的时候忘记带伞，你可以留在原地抱怨自己倒霉，抱怨老天和自己作对，抱怨自己没能预知天象；也可以找地方避雨，快速跑到避雨的地方，或者干脆在屋檐下欣赏一下雨景。消极或积极，只在你的一念之间。你选择的一念，就决定了你的生活心态，也决定了你的生活状态。

积极的人未必不会碰到下雨，消极的人却很少能看到阳光，你会选哪一面？

05/ 下定决心改变，就不要瞻前顾后

想要让自己变得积极，充满正能量，断绝等待、依赖等消极心理，需要下猛药。不要相信那些温温吞吞的劝告和似是而非的鸡汤，更不要去看朋友圈那些七零八碎的人生心得和痊愈总结，你只需要做到以下三步：下决心、彻底远离、干正事！

首先，我们说说第一阶段：决心戒断阶段。在这一阶段，人们要面对的最主要问题是拖延，总是想有个时间做心理准备，准备来准备去，就忘了自己的决心。对此，我们必须学会"快刀斩乱麻"，以最快的速度下决心、做出具体行为、不断巩固决心，反反复复，直到良好习惯形成，一刻也不能松懈！

北北说，她的身材全部都被垃圾食品毁了。北北身高不到160厘米，体重却超过130斤，这简直摧毁了作为一个青春都市女郎的最基本自信。可是北北有什么办法？她的工作需要多动脑，她依赖多糖的咖啡和奶茶，她喜欢吃油炸食品，认为它们最能补充体力，她每天都要去快餐店报到，她简直离不开这些高糖、高热、高脂食物。随之而来的体重问题，让她从前的服装全都作废，而且，她还有越来越胖的趋势。

减肥，成了北北的当务之急。

显然，减肥分为两个部分，一部分是戒掉万恶之源的快餐零食，另一部分就是锻炼。北北在微信上发出监督请求，请亲朋好友们务必提醒她、监督她、阻止她的一切"不良"念头。为表决心，她在淘宝上买了一双跑步鞋，把订单页面发到微信上，"鞋一到就开始跑步"。

"为什么一定要等这双鞋？穿别的鞋不能跑步吗？"一位朋友在下面说。

"我做一些准备啊。"北北有点心虚地回复。

"你是要减肥还是要嫁人？还要做个准备？"朋友一点也不客气。

北北当天就开始跑步，穿着她常穿的那双板鞋。

第二天，看到北北微信的同事说："你抽屉里那些咖啡啊、糖啊，反正你今后也不吃了，全分给我们吧。"

北北一听就肉疼，那些零食可都是海淘的，价格高不说，全都是好吃的，她还想留着给自己当奖励呢。同事问："怎么，你还准备留着？"北北下定决心，拿出零食全都分给同事，一袋也没留，还把淘宝上的零食店收藏全都清空了。她知道，决心这种事，一旦到了明天，就再也不是决心了。

靠着北北的努力和朋友们的监督，她彻底地告别了不健康的生活，饮食节制、作息规律、运动适度，最近，甩肉成功的她还报了一个健身课程，准备系统地塑造一下自己的曲线。至于那些她曾经以为根本离不开的垃圾食品，她已经好久不曾想念，现在的她更喜欢研究厨艺，在家里做一些健康美食。

一鼓作气，再而衰，三而竭。这是老祖宗留下的智慧。打铁趁热，趁着决心高涨的时候，及时开始行动，不要想着做什么准备，决心不需要准备。如果你有了决心还要等明天，这决心多半无法贯彻；如果等后天，这决心明天就会被你忘了；如果还要等到几个月以后，这决心还不如没有。决心，就是当机立断，就是要避免拖拖拉拉。

以下三个措施可以促进决心的实施。

时时提醒自己

把决心写在纸上、手机屏幕上、电脑屏幕上，总之，写在任何你一眼就能看到的地方，时刻提醒自己该做什么、不该做什么。这种标语应该简明扼要，不要写大段大段的名言，只要言简意赅的几个字就够了。让它们像口号一样鞭策你，让你不敢越雷池一步，要的就是这种效果！

找个得力的监督者

这个人可以是你身边的亲人、朋友、同事，他/她个性严肃，有监督者的基本素质，会毫不留情地斥责你，不会因为你撒娇而心软。有了这样一个监督者，你就像孙悟空戴了紧箍咒，随时都可能有人对你念咒。在"唐僧"旁边，你还敢松懈吗?

心理暗示

这是颇为有效的疗法，每天睡前吓唬自己一回，"再玩下去就失业了""再胖下去就找不到男朋友了""再买买买就要吃土了"……类似的暗示可以让你更加意识到沉迷某种事物的危害，让你在玩玩玩、吃吃吃、买买买之前突然警醒，有效克制你的欲望。

下定决心，就不要瞻前顾后，你的生活应该由你做主!

06/ 爱笑的人运气肯定错不了

人们常常把平庸的生活比喻流水线，我们就是流水线上的一个零件，周而复始运转着，做着闭着眼都能做的事，只动手，不用脑，麻木地忙碌。流水线最初给我们带来了一些动感的启示，后来它渐渐变成一潭死水，沉在其中的我们知道明天就在那里，日复一日，年复一年，没有任何惊喜。

究竟是生活改变了，还是我们改变了？很明显，生活没变，却用它庞大的身躯改变了我们的观念。我们觉得一切都很乏味，将就着，应付着，想着尽快过完这一天，却又不太期待下一天。我们为什么失去了最初的激情和动力？甚至失去了生活的乐趣？问题还是出在自己身上。

不如，看看那些热爱生活的人究竟怎么生活。

2008年8月，一个英国人拆开他新买的手机包装盒，他熟练地打开新手机，惊奇地发现手机开机图片上出现了一个面带笑容的中国女孩。他吓了一跳，因为所有手机的开机屏幕都是默认的，他现在看到的显然是一张照片。莫非买到了以次充好的二手货？

他仔细看这张照片，这是一个黄皮肤的中国女孩，她穿着工作服，头发被缩进工作帽里，只露出一张甜美的笑脸，两只戴着白手套的手对着镜头比出"V"字，她身前有刚刚装进包装盒的手机，身后还有工作人员对着流水线忙碌。毫无疑问，这张图片是在工厂车间拍的。英国人决定放弃找经销商换手机，他把手机里的几张照片发到了网上。

没想到，这几张照片走红了，英国人纷纷赞美这个姑娘漂亮可爱，有人甚至抱怨说，他要找厂商退货，因为手机里没有这么可爱的图片。没多久，中国人也都知道了这些照片，人们开始寻找这个女孩，并称她为"中国最美打工妹"。

事情的真相很快水落石出，原来，这位女孩是手机工厂的检测人员，她的同事无意拿刚生产的手机拍了她的照片，忘记了删除。手机就这样从中国"漂"到英国。人们喜欢这个姑娘，不仅因为她甜美的长相，更因为她是一个普普通通的女工，却以那样饱满的精神应对枯燥的工作，她让人们相信，任何一种生活都可以是美好的、充实的、面带微笑的……

也许你也听说过这个"手机女孩"，也曾看到过她的笑脸。人们喜爱这个女孩，因为她给平凡的生活带来了惊喜，更重要的是她的笑脸。试想，如果英国人打开手机，看到一张百无聊赖的呆滞脸，或者一张愁眉不展的苦瓜脸，他还会那么开心吗？他在网上的分享内容恐怕要完全变个样，标题也许是《中国人的压力一定很大》。

把笑容挂在脸上的人，一定有一颗向往生活的心；把压力挂在脸上的人，一定过着无趣的生活。因为无趣，所以不开心，脸上的表情能好到哪儿去？看什么都不太对劲，笑起来也很勉强，更不要说有一双明亮的眼睛，有活泼的语调，有灵活的手脚，一切生机都被生活压着，难道生活的意义就是迫害我们吗？

手机女孩一定不这么认为。她只是一个普通女工，她的工作是每天坐在流水线旁不间断地检查，她不累吗？她不枯燥吗？她不烦吗？我们经历过的那些情绪，她恐怕经历得更多。但她却坦然地接受了这种生活，对于她来说，这不是将就，这是重要工作，这是她衣食住行的来源，她重视、她努力，她还会在闲暇时和同事们说说笑笑，拍几张不加修饰的照片，记录她的好心情。

难道我们不能这样生活吗？像她一样正视生活、接受自我、努力工作、脸上挂着笑脸，那时候的生活还会是一潭死水、毫无涟漪吗？如果我们能够在每一天轻松而自觉地完成工作，我们会有成就感，会因完成任务而开心，会放下负担去逛街、去娱乐，然后带着愉悦的心情回到家，这样的日子很普通，也很充实，这难道不是幸福吗？

　　和手机女孩一样，你也一样可以寻找到生活的无限乐趣。首先，你需要露出一张真心的笑脸，这是你与生活和解的开始。

07/ 积极生活，从打扫房间开始

向往积极，告别消极的状态，让身心沉浸在温暖明亮的阳光中，这是每个人的心愿。可是，心头的沉重挥之不去，总是无法打起精神。尽管一次次对自己说"加油"，或者运用所谓的"镜子暗示法"，对着镜子一遍遍地说"你一定可以的"，也只看到镜子中一张疲惫的脸，看不出任何改变的可能。这种形象像是生了根，那有没有什么立竿见影的办法，让自己以最快的速度发现生命的美好，振作起来呢？

还真有，而且非常简单，办法就是：把你的房间扫干净！

一位社会学教授下班回家，保姆已经准备了一桌子的饭菜，正在摆盘盛饭。这位保姆老实又勤快，做菜手艺还好，得到了教授一家人的喜爱，教授夫人和孩子请保姆一起吃饭，保姆却说她还要去另外一家干活——保姆有两个儿子在读大学，一个女儿在读高中，她想多赚一点钱。

教授礼貌地感谢了保姆的辛苦，保姆说："不辛苦，您家里真干净，打扫起来不费事。半年前我在介绍所看到您，就知道您家里一定干净。"

看似一句客气话，却让专门发现问题的教授留了心。第二天，教授特意早回家，趁保姆干活的时候和她谈了一番。保姆说，她做了二十几年保姆，从一个人的神色就能看出家里是否干净。这个判断很少出错。那些家里特别乱的人，面色总是不太好；而那些家里非常干净的人，大多神清气爽。

教授对这件事留了心，自己在朋友们家里观察对比一番，又找来学生们讨论，最后干脆做了一个小范围的社会调查，结果还真被保姆说中了。在调查中教授还发现，很多人都有这个感觉：家里干净的人比较容易产生幸福感，而家里杂乱无章的人更容易消极。

教授不禁观察自己的家庭，他有位严格的母亲，从小就养成了整洁的习惯；他的妻子是个爱干净的女人；他们有个淘气的小男孩，但在这样的环境熏陶下，也知道每天都把使用的东西归位。所以，他们家里有明亮的镜子和窗子，光线非常好；东西的摆放从不凌乱，不会让人看着心烦；桌面、地板、卫生间从不肮脏，让人舒服。他每天生活在这样的环境中，习以为常，竟然从没想过是这个整洁的家让他保持了好心情。

他又试着设想自己生活在肮脏的房间里：进入房间就闻到一股霉味，让人想赶快出去；厨房里碗筷堆积如山，让人不想做饭；脏衣服和干净衣服混在一起，穿的时候要不断翻找；所有东西都没有固定的位置，找起来让人头大；到处有灰尘，地面长期不打扫，留着不知多久以前的鞋印子……他可以想象生活在这种环境的人将有多么混乱、暴躁和不满。

教授感叹，那些总是觉得自己生活无味和不幸的人，是不是从未注意过自己的房间？倘若他们能抽出一些时间和精力来打理自己的生活，他们也会感觉到和房间一样的清爽。

这个故事很像我国古代的一句名言，"一屋不扫，何以扫天下"，说的是一个人连小事都做不好，就不要指望他去做大事。这句话有很多引申含义，其中一条揭示了小事与人的心理状态的关系。当我们能够做好触手可及的小事，把自己安置在一个井井有条的环境中时，我们会在潜意识里变得安宁，变得自信。

这并不奇怪，外出也好，忙碌也好，冲刺也好，往大了说，包括古代的行军打仗，后勤都是最重要的环节，有一个始终能退回去、不必担心危险的地方，就是生命的保障，信念的保障。在现代社会，这个地方无疑是我们的家，它为我们遮风挡雨，容纳我们的一切喜怒哀乐，我们的一天至少有三分之一的时间需要在家中度过。

不知何时，大都市里的家悄然变成了另一种形式的旅馆。人们劳累一天，疲惫地推门进家，甩下鞋倒在床上，什么都不想干，只想赶快睡觉。其实睡觉时间还没到，可以做的事很多，但没有动力去做。家务慢慢累积了，地板上的灰、厨房里的碗、卫生间的水垢、洗衣篮里的大堆衣物，想到有这么多费力气的事，力气更少了。

凌乱的房子影响生活的心情。看到一个油腻的厨房，想要做饭的心情顷刻没了；看到乱糟糟的衣橱，想要打扮自己的心情受到了影响；看到杂七杂八的书架，根本不知道该拿哪本书看；看到混在一起的抹布和拖布，根本不知道能不能把它们洗干净……在这样的屋子里生活，东西找不到，找到了也是脏的，买了新的很快和旧的混成一团，东西越来越多，房间越来越乱，完全不相干的东西挤在一起，看着都头疼。

这时候你还想回家吗？去公司有那么多业务要做，头疼；回到家同样头疼，难怪家完全变成了一个旅馆。有心改变一下现状，一想到那繁重的工作量，自己先退却了。扔掉那些多余的东西，又觉得舍不得。于是你和房间一起混乱着，只差发霉。

其实你需要的只是一份整洁的决心和一整天的工作量，给自己的房间来一次大扫除。先扔掉没用的，再运用一点收纳技巧，让所有东西有自己的位置，然后把该扫的扫了，该擦的擦了。看着那明亮整齐的屋子，有没有觉得你的心情焕然一新？接下来只需要记住使用东西后归位，没事的时候打扫一下，不乱丢东西，你就能一直保持这种整洁。

保持整洁没有你想的那么难。当你的房间整洁了，你做事也会更加有条理，而且，你会更加喜欢回家。谁不愿意待在自己干净、温暖、舒适的小窝里？于是你开始研究烹饪，你开始改善自己的生活，你希望这个屋子有更雅致的环境，在外面受了委屈，你会得到这个小房间的有效安慰。

不去试试，你永远不会知道，一个整洁美丽的家，会给你带来多么大的影响！

08/ 发动一场自我革命，你敢吗

一个人想要改变自己的生活和命运，就要打造坚忍性格，磨练顽强意志，进而拥抱美好生活，最重要的是改变身上的一切陋习。这些陋习可能是性格上的，可能是生活上的，可能是修养上的，总之，大到生活没目标或者有目标没自信，小到早上不吃饭或是吃饭不洗手，我们对陋习应有明确的认识，然后一举击破！

发动一场自我革命，你敢吗？

让我们看看凯瑟琳小姐如何发起她的自我革命。

23岁的凯瑟琳小姐，是一家房地产公司的文员，每天做着琐碎的工作。她有一头好看的棕色长发，却因为缺乏打理而显得干枯没色泽。她这个人也和头发一样，始终不太有精神。每一天，她带着不自信的神情，默默做着自己的工作，一下班就钻回家，在网上看本季度的热门剧集，打发自己的时间。

凯瑟琳小姐的上司博恩女士最近准备跳槽，去一家高级化妆品公司当经理。凯瑟琳十分羡慕，她一直很喜欢那些五颜六色的化妆品，但她自己只会化淡妆，穿保守套装，毫不起眼。她也希望和博恩女士一样，有机会跳到那家大公司，她知道这只是梦想。

博恩女士在新公司如鱼得水，凯瑟琳一直关注她的动向。为了更好地推广公司的产品，博恩女士不定期举办美妆讲座，靠她的名气吸引学员。讲座不但教授基础护肤和彩妆要领，还教授年轻姑娘如何成为一个优秀的美妆推销员。一天，凯瑟琳在博恩女士的网站上看到了本周六开课的消息，她决定去听一听。

那一天，她破天荒地去美容院做了头发，并且试化了时尚妆容。

为了更好地听清博恩女士的声音，她破天荒地坐到了第一排，以往这种场合，她总是选择靠后的位置。她注意到，在授课过程中，博恩女士看了她好几次，她不好意思地低下了头。

更没想到，下课后博恩女士主动跟她说话："凯瑟琳，你真让我惊讶，你会打扮了，而且，你竟然主动坐到了第一排！这很好，你一定要保持下去，不论什么时候都要坐第一排！现在的你非常棒！"

凯瑟琳回到家还红着脸，她不知道是否成功人士都这么会鼓励人，但她的确被博恩女士鼓励了。她开始打理自己的头发，积极地面对工作，开会的时候坐在第一排，就算因上级的提问而脸红，也坚持坐下去。每当她一头润泽的长发在第一排位置上闪耀，不论上司还是同事都会多看她几眼，她感觉自己越来越自信了。

一年后，凯瑟琳主动联系博恩女士，希望能再一次成为她的部下。博恩女士说："我就知道会有这么一天！来吧，凯瑟琳，我已经在这个公司准备了你的位置，你现在就可以辞职来我这里！"

陋习是长年累月产生的，因为难以革除，才需要强大的决心和坚持的毅力。向自己发起革命真不是一件容易的事，让一个羞涩的女孩子坐在众目睽睽的第一排，多么不容易！然而她做到的那一刻，她的心灵也得到了飞跃，这种飞跃是如此简单，它直白地告诉你："瞧，这件事没什么，你完全可以做到！"

都说江山易改，禀性难移，人的性格是天生的，的确很难改，但生活中的陋习和性格上的缺点，却可以根除和改造。例如生活习惯，养成一个新的习惯需要21天，你需要的是自我监督和坚持，21天就可以得到一个方便的好习惯，这不是太划算了吗？那些不容易发现的肢体小动作，则需要有人来督促，也需要更多时间，但依然是相对简单的。

懒惰、拖延、粗心这一类陋习，可以归为行为习惯。想要改变这些习惯，需要明确的认识和有效的计划，还有有力的鞭策。必须高度集中精神，警惕它们突然来袭，一刻不能放松。懒惰的人应该尽量活动，手头总要有事做；拖延的人必须强迫自己提前完成任务，体会提前完工的舒爽；粗心的人要一遍遍检查，体会一次通过的快乐。反复执行，多次重复，让新的习惯支配自己，经过长时间努力，你的生活将焕然一新。

最难的当然是性格上的突破，当被动的人需要主动，内向的人需要交际，谨慎的人需要大胆，优柔寡断的人需要当机立断，不夸张地说，这几乎要了他们的命。但不改变就没有发展，硬着头皮也要做该做的事，做多了，习惯养成了，他们就会说："这没什么，挺简单的。"完全忘记了当初的惊慌失措。

很多事多次尝试之后就会变成"没什么"。牢记这一点，你可以改变任何陋习，甚至改变自己的某些性格，让自己的生活实现良性发展。不要为自己的落后找借口，你唯一该做的就是改变。自我革命后的生活究竟有多少机遇，平凡的你将会获得多少赞美的目光，难道这些美好前景，不值得你试一试吗？

09/ 越自律的人，人生越容易开挂

自律，是一种正思维。

这种思维包括了自尊、自信、自我约束和自我激励，它能让一个人及时反思自己，发现错误，尽量避免不当举动，使自己在稳定的轨道上不断向前，并得到他人的欣赏与尊重。这种正面思维当然会给个人带来一些不便，需要常常与自己的欲望做斗争，忍下享乐的心态，严格要求自己。

但正是这种自律，让人信赖，也迈出了自己前行的脚步。

法国姑娘南希正在房间穿衣打扮，她穿了一件正统的职业套装，头发烫得刚好，脸上化淡妆，她把自己最喜欢的香水喷在耳后，闻着那香味，感觉一身惬意。她的妈妈不解地问："亲爱的，电话马上就要打来了，莫非你还要出门！"

"不出门，我在准备面试！"南希回答。

她的妈妈一脸不解。南希今年刚刚硕士毕业，向一家跨国公司投了简历，对方对她很感兴趣，在邮件沟通后，安排在今日进行电话会谈，由位于华盛顿的公司总部打来电话。如果这次试谈顺利，南希就能得到去美国面试的机会。

"今天只是和负责人打电话，对方又看不到你，你怎么穿得这么正式？"

"妈妈，难道我要穿着睡衣，拖着拖鞋，窝在沙发里一边转电视遥控器一边进行重要的面试吗？那怎么行！那会让我整个人都不够慎重，考虑问题时一定会出现漏洞。只有穿着正式，我才有面试的感觉！"南希回答。

"对自己要求严格，不错。"

"当然！何况，给我打电话的人现在穿着西装坐在办公室，他详细地看过我的档案，我怎么能不尊重他呢？所以我必须和他一样庄重地面对这次会谈！"

"好吧，好吧，我把客厅留给你，这样是不是更有面试的气氛？你一个人等电话吧！"

"谢谢妈妈！"

一个钟头后，南希敲开母亲的房门，露出灿烂的笑容。她和负责人沟通得很顺利，她认为自己大有希望。果然，南希不但顺利通过电话会谈，还顺利去了华盛顿总部，经过三轮考试，成了那家跨国公司新一届的员工。

追求舒适是人的天性，偏偏生活中有那么多不舒适却合理的事。例如，上班穿西服是多么拘谨、多么不方便活动的一件事，特别是夏天，有时会热得大汗淋漓。尽管如此，谁也不会穿着睡衣去上班。相对于正常生活中的规矩，舒适成了一种逆习惯，人们总是想把这些习惯带进生活中的一切场合，结果造成了懒散、拖延、马虎、不负责。

逆习惯与正思维刚好相反，简直是一对冤家。两者不断斗争，逆习惯想要尽量扩大，正思维想要将它彻底赶走，可惜这场战争的裁决人是我们自己，我们总是想让自己更舒服，于是，正思维总是在摇摆，逆习惯稳如泰山。

需要警惕逆习惯。没有人能做到十全十美，我们少不了有这样那样的坏习惯，一旦这习惯和正思维刚好相逆，它很可能成为你的致命要害。希腊神话中有一个叫阿喀琉斯的英雄，他曾经在神水中洗澡，变得刀枪不入，但神水没能浸到他的脚跟，结果，这脚跟被敌人一箭射中，他一命呜呼。

我们的逆习惯就是这样的要害，总是想着让自己舒服一点，总是为自己争取懒惰的空间，总是为漫不经心找借口，总把责任当作大家的事而不是自己的事，这些习惯使我们丧失了目标，丧失了责任感，丧失了效率，还会进一步丧失他人的好感和信任。不用敌人来攻击，我们就已经是一个失败者。

　　这种结局，难道我们不该避免吗？

Chapter 2 / 找回内心的安宁，
心若不动，风又奈何

我们渴望成功，渴望胜利，渴望被肯定，渴望被认可，追逐着、奋斗着、渐渐被外界影响，迷失了自我。正是因为内心的不宁静，使得狂风巨浪侵袭了心灵的港湾……心若不动，风又奈何，只要我们沉淀心气，静心以对，就会发现岁月如此静好。

01/ 能控制自己情绪的人，绝对是人上人

受到冲突、挫折等外界干扰时，不少人会控制不住自己的情绪，让自己一天之内处于情绪多变的状态。可是，一个人如果连自己的情绪都控制不了，即便给你整个世界，你也早晚会毁掉一切。做人必须懂得控制情绪，一个人可能什么都控制不了，但唯一能控制的是自己的情绪。

控制的关键是什么？在于了解自己的责任。一个人的责任有大有小，只有承认它、承担它，才能在完成任务的过程中，不怕困难，不怕麻烦；相反，一个不负责任的人，总会被情绪所左右，高兴的时候斗志昂扬，低落的时候郁郁不振。而这种情绪不稳定的人，是不能承担大任的。所以，当领导者的人大多，不露情绪，就是这个道理。

蒋兰早就听说过，好脾气的人倘若发起脾气，没人劝得住。她一直不太信，直到高三那年，脾气超级好的老班主任拍着桌子骂他们耽误时间、不够努力，整整骂了两节课，没有一个学生敢吱声。

平日，班主任和学生们说说笑笑，两年多以来从没说过重话。谁想到这样的老师能有这么大的火气，学生们全被吓着了，那几天甚至不敢正面看老师，老师也不给他们好脸色。从此，蒋兰明白脾气再好的人也有脾气，只看他们愿不愿意发作。

这件事给蒋兰留下了很深刻的印象。不论上大学还是进公司，她都尽量察觉他人隐藏的情绪，这给她的生活带来了极大的方便。当别人情绪不好时，避免争执、说说笑话开解；当别人情绪非常好时，求人帮忙事半功倍。蒋兰发现情绪有一个"初始化"过程，不会一开始就爆发，而要经过一定时期的积累，到还一定程度，破坏力可大

可小。

　　蒋兰还发现，越是负责的人，越不会乱发脾气，更不会轻易表露负面情绪。负面情绪一旦被表现出来，就是弱点，就显得自己不够沉着，给周围的人带来不良印象。当蒋兰懂得这些事时，她也开始学着控制情绪。也因为她很会照顾他人的情绪，她的人缘一直都不错，尽管没有多少领导才能，领导也愿意提拔她。

　　蒋兰把自己对于情绪的观察概括为三点。

　　每个人都有自己的情绪开关，有些人的开关暴露着，随时可能被人按下；有些人不动声色地将开关藏起来，避免生活遭到情绪的破坏。

　　情绪是情商的指标，能控制情绪就是情商高的最显著表现。

　　情绪管理得越好，生活就越好。

　　看上去很教条、很啰唆？这可是蒋兰的多年经验。她现在在一家出版社当编辑，专门应付那些情绪化的大作家、大画家、大摄影家，越是问题人物，她交流起来越是得心应手，主编总把重要任务交给她，那些大才子们也喜欢她，她催稿的速度比别的编辑快一倍。

　　她只有25岁。

　　负责的人，不是没有情绪，而是不能被情绪左右。

　　故事中的蒋兰显然是个爱思考的姑娘，从一件小事发现了情绪的秘密，进而掌控了自己的情绪，掌握了和他人情绪友好相处的方法。情绪不可避免，我们要学会的是控制。那些胡乱发泄情绪的人，大多没有过于强大的责任感，不计较后果，自然敢发脾气。不过，那些胡乱发泄情绪的人，最大受害者其实是他们自己。

　　对生活产生不良影响的是人的负面情绪，愤怒、失望、抱怨、不满、自卑、焦虑、急躁、不安、恐惧，这些情绪中的一种在你的大脑中占据了主动，你的生活就别想安宁；要是多加几种，你基本不会有好心情；要是完全被不良情绪控制，你的未来一片黑暗。所以，为了自己，必须学会控制情绪。

想要控制情绪，首先，要杜绝以下三点。

想太多

很多负面的事都是自己想出来的，人们未必有塞翁失马的智慧，却常常有塞翁式的担忧，总是担心会发生什么不幸的事。人们没有防微杜渐的眼力，却常常有一惊一乍的行为，总是担心不必要的小事。担心多，烦恼就多，心情就沉重，生活就不满，情绪起伏随之加大，接下来就是失控。

例如一个人生性敏感，他会因旁人的一个眼神、一句无意的话、一个动作，而在大脑中萌生很多猜测，而且大多是负面的。他会从眼神里看到蔑视或企图，从语调里听出不满和挑衅，从动作上看到敌意和威胁，真是越看越不安，越看越害怕。其实，人家可能根本没留下关于你的任何印象！可见想得太多，就会滋生不必要的情绪。头脑的确应该经常活动，我们要的是思考，不是多疑。

说话做事不经大脑

情绪化是不成熟的显著标志，情绪化经常耽误正事，谁都知道这个道理，却还是任由脾气爆发。说话做事不肯考虑一下，脱口而出，任性妄为，还以为这是个性和潇洒，真让人无奈。当发脾气的人看到严重的后果，也暗暗后悔，可惜下一次还是不长记性，在一块情绪石头上一次次跌倒，早晚有一天会爬不起来。

这类人的成熟需要强制，"三思而后行"应该是他们的座右铭。强迫自己在做任何事和任何决定以前，都停下来想一想前因后果。特别是想发脾气的时候，更要压下火气想一想这场火发了后谁来灭。慎重也可以成为一种习惯，说话做事慎重，情绪就不会作乱。

把希望寄托在别人身上

人们经常会对他人产生情绪，那是因为他们把希望寄托在他人身上，却发现他人既不领情，也不按照他们的想法做事，有时还会惹自己生气。这种幻灭最容易产生抱怨，又在抱怨基础上滋生各种负面情绪。但是，每个人都有自己的人生，谁也不比你轻松，有什么义务哄着你、顺着你?

每个人都必须对自己负责，管理情绪是自我管理的重要部分，不要寄希望于别人的帮助，谁也不能钻进你的大脑。从小事开始学着自控，学着压下脾气就事论事，你会发现与情绪相处也有窍门。控制情绪的关键是忍，忍一时之气，免百日之忧。为了你的未来，现在就和你的情绪谈谈话，你会发现控制他们并不难，毕竟，你才是主人。

学着"放下"，这是一句老生常谈，但很多人听了一万遍，也不懂什么是"放下"，更不知道怎样才能"放下"。那么就总结出一句最简单的话：放下，就是别再想是什么让你难受，你就逼迫自己马上去想别的事，去做别的事，或者忙到无暇顾及。

人们总以为应该放下某段令人痛苦的过去，其实最应该放下的是每天生活中那些负能量、小情绪，用最快的速度把它们扔掉，才是最迫切的事。扔掉这些蚂蚁似的小情绪，让它们不再啃咬你，不再扩大负能量的面积，至少保证每天的工作效率、生活质量和简单心情。

02/ 不要随意发脾气，毕竟谁都不欠你

你有没有听到过类似的评语？

"你最近……是不是心情不好？"

"天热，火气大，你降降温！"

"你的脾气以前可不这样！"

"看你这暴脾气，改改，伤肝。"

类似的或含蓄或直接的提醒，都向你指出一个问题——你的脾气，越来越暴躁了！

你以前是一个暴躁的人吗？也许不是。很多人的脾气都不暴躁，在礼貌和教养的维护下，你不会轻易发脾气。想要搞好人际关系，更不能乱发脾气；想要做好一件事，温和和耐心是最好的选择；想要让自己心情好，退一步海阔天空也是你的名言……可是，究竟从什么时候开始，暴躁渐渐主宰了你的生活？你越来越缺少耐性，越来越缺少容忍的气度，越来越无法安静地坐在椅子上，你甚至想找人大吵一架，发泄心中的怒火。

而且，根据你的观察，你并不孤独，越来越多的人正在变得暴躁。

马先生夹着公文包走进家门，疲惫地甩上房门，妻子看了他一眼，没说话；小学一年级的儿子小马，原本在客厅里和妈妈看书，看到他回来，二话不说回了自己的房间；只有家里的雪纳瑞犬摇着尾巴凑了过来，马先生瞪了狗一眼，小狗害怕地夹着尾巴走了。

最近小半年时间，马先生看什么都不顺眼。升职后，他的压力大增，大大小小的事情让他疲于应对，看什么都觉得烦。阳台上的花

本来是他从昆明买来的花种，亲自养大，现在花开了，他却没心情欣赏；在路上被人撞一下，他能揪着人吵个不停；部门的人争论问题，他会对反对他意见的人拍桌子；就连他的老上司都受不了，私下劝他改改脾气。

他的脾气差吗？以前，所有人都说他是一位绅士，上司欣赏他的稳重，下属崇拜他的气度，妻子爱他的温柔，儿子在作文本上写《爸爸是世界上最好的爸爸》，人们是不是已经忘记了他之前的脾气？也难怪，他现在对谁都没好脸色，做什么事都风风火火，稍有不顺，就会大发雷霆。

脾气并没有影响他的工作效率，他在谈判时依然耐得住性子。除掉这些必要的场合，他能感受到自己的怒气指数直线飙升。他的生活条件越来越好，心情却越来越糟，就连妻子的劝告都听不进去。也有人说他压力太大，需要周围人的宽容，但他知道事情不是那样，问题还是出在自己身上，倘若他不能控制自己的脾气，一切都会越来越糟。

如何控制暴躁的脾气？他陷入深深的思考。

暴躁，让人相信除了发脾气，除了以冷漠代表自己的不满，以激烈的语言阐述自己的立场，或者强势地指挥别人服从自己外，再也没有快速解决问题的可能。他们认为，修养换来的是无意义的客套，宽容换来的是别人的得寸进尺，不如暴躁一点，让别人马上知道自己"不好惹"，以此达到目的。

但还有比这更糟糕的解决问题的办法吗？没有。因为不想让自己忍得太辛苦，所以把怒火加到他人身上。但怒火烧了他人，他人也许忍得了一时，但不会一直容忍，一旦他们回击，就会是加倍的，甚至是报复性的。就算他们一直忍耐，也会对你这个人产生怨言，大有成见，不会再将你视为一个友好的伙伴，反而将你当成潜在的威胁。

而且，暴躁是一个很隐性的消极的标志，人们常常忽略。暴躁为什么是消极的？因为在你发火的那一刻，你已经放弃了友好沟通的方式，放弃了双赢的局面，放弃了做更多的努力以维持你和他人的关系，这是最大的消极。一旦这股火苗燃烧起来，你自己也是受害者。

难道不是你，发火以后，你真的觉得爽快吗？看到你亲密的人被你的怒火伤害，你会内疚；看到要到手的机会被你的怒火毁掉，你会后悔；看到旁人敢怒不敢言的脸色，你会担心……你开始后怕，开始头疼如何补救，这时你会想："如果我能控制一下脾气的话……"暴躁从来不是解决问题的途径，也不是修养身体的方法，它只会让一切变得越来越糟。

当然，你也许会为自己的脾气辩护：

"我天生就这样！"——没有人天生愿意妥协，为什么别人可以改变自己，你不行？是能力问题，还是性格问题？

"我压力太大了，唉，一时没控制住。"——所有人压力都大，他们冲你发脾气你愿意吗？

"我平时不这样，也不知怎么了……"——没有人会记得你平时怎样，他们记得最深的就是你毫无理由地大发脾气。

"是别人的错，他们做错事我为什么不能发脾气？"——发脾气只为发泄你的怒火，不会帮他们改正错误，他们更需要的是你的指导。

"有些人就是脸皮厚，你不发脾气解决不了问题！"——的确存在这样的现象，但为什么要因为几个素质低下的人，降低了自己的修养？

说来说去，脾气和修养都是自己的，暴躁的个性一旦形成，百害无一利，如果你不能及时克制自己，不论工作还是生活，早晚会被你的怒火弄得一团糟。学着调节，学着适应，学着宽容，你会发现顺利的事变得越来越多，与他人的关系开始变好，以前想不开的事也能看开了，这就是温柔的力量。

03/ 世界是喧闹的，但你可以闹中取静

每一天，我们要面对各式各样的嘈杂：

早晨，我们被闹钟或隔壁的声音叫醒，窗外已经有人在晨练、在买早餐、在赶班车。

走出家门，我们面对车水马龙，无数人踩着急匆匆的步子奔向他们的目的地，人声和车声交织，你也只能在人流中按照自己的路线尽快行走。

到了公司，打卡机的声音、同事的声音、领导的声音、客户的电话声、同事敲打电脑的声音，一刻不停，就连冲泡咖啡的水声，都有些焦灼。

下班，你依然要面对拥挤的人流，也许还要去更加吵闹的应酬场合。

终于回到家，你还要打开手机检查一下今日的工作、确定一下明日的行程，楼上楼下传来脚步声和说话声，你的墙壁无法把外界的声音都挡住。

躺在床上，你还能听到小区里的人声，远处马路的鸣笛声，除非到了夜深人静的时刻，不然你休想感受到安静……

每一天都面对如此嘈杂的生活，日积月累，人怎么会没有情绪？怎么可能完全不抱怨？所以，对日常生活的厌倦是正常心态，谁能每一天都兴高采烈地生活？

但生活就是如此，没有人的生活每天都有惊喜，每天都一帆风顺，所有人都要面对琐碎、面对庸俗、面对吵闹，这个时候，学着让自己安静下来，是保持良好心性的关键。这种心性又能反过来让人看

到生活中简单、美好、生机盎然的一面。

在闹哄哄的酒吧里，人们只顾着热闹，很少有人能品味出杯中的酒香，那些上好的酒就这样被浪费掉。想要真正品尝酒的味道，还是需要在人少的地方，或者自己，或者与三五好友一人一小杯，慢慢喝、细细品，陈年的果香和涩味一起留在口腔，回味悠长，这才是品酒。

人生也是如此。只顾着参与闹哄哄的生活，和旁人一起大笑大叫，固然有一时的欢乐，却免不了混淆了人生的真味。而每天沉浸在琐碎的生活细节中，嘴上或心里抱怨不停，更是错过了人生的味道。只有那些懂得安静下来，独自阅读一本好书、听上一段音乐、跳一支舞、烹一道茶、插一瓶花、小酌一杯酒的人，才能感受到生活的香味，心灵的香味。

酒香需要沉淀，心香需要安静。

在亚里桑那沙漠过夏天，是布莱克斯觉得最讨厌的事情，因为那里炙热的高温都快把土豆烤熟了，他的工作内容又总是那么烦琐，这令他的心情总是处于一种烦躁无比的状态。一天，他在小镇的一个加油站给车加油时，和主人戴维森先生聊起这里可怕的夏天："这个该死的夏天，又将是炼狱般的生活！"

"为过夏天担忧，有那个必要吗？像迎接一个惊人的喜讯那样对待酷暑的来临吧，"戴维森先生说着，"心静一点，千万不要错过夏天给我们的各种最美好的礼物……"

"该死的夏天能带来美好的礼物？"布莱克斯不解地问。

"难道你从不在清晨五六点起床？你想想，六月的黎明，整个天空都是玫瑰红的云彩，静静地看上几眼，那是多么美妙的景观啊；七月的夜晚，一抬头就可以看到满天繁星，静静地待一会，多么有意境啊；再想想，中午是常人无法承受的高温，这时候才能真正体会到游泳的乐趣！"

使布莱克斯惊奇的是，戴维森先生的话果然有效，他不再怕夏天了。当高温天气真的到来时，清晨，布莱克斯在晨露的凉爽中修剪玫瑰花；中午，他和孩子在家里们舒舒服服地睡觉；晚上，他们在院子里做冷饮，吃冰淇淋，真是痛快极了。整个夏天，他们还欣赏了沙漠日出和日落特有的壮观景象。

几十年之后，布莱克斯已是满头银发，但是他愉快的笑容仍然那么灿烂。他在拜访戴维森先生的时候，由衷地感慨道："我喜欢这里的夏天，而且我一点不担心变老，在这里光欣赏生活的美都欣赏不过来呢，我觉得活得有意思极了！"

静心，是一种不带功利色彩的愉快感觉。它能使你的心灵得以净化，情感得以宣泄，精神得以满足。

想要抱怨的时候，想摆脱琐碎庸俗的时候，不妨做一些能让自己静心的事，去那些能让自己静心的地方，和那些能让自己静心的人聊上几句。当你安静下来，琐碎的事务不再像尘埃一样漫天飞舞，而是静静地落在地上，远离你的目光。这时，你会觉得岁月静好，人生美满，再也不想抱怨。

04/ 有时候，想得太少反而更好

人之所以烦恼，是因为记性太好。

你尝试过了解自己的烦心事吗？如果你拿个小本子，把从早晨到晚上想到的烦心事都记下来，你会发现很多事都与"过去"有关。过去的失败，时不时就让人懊恼；过去的伤害，动不动就让人沮丧；过去发生的某件事，现在想到就后悔，越后悔越能想到；过去的某个决定，如果当时自己能勇敢、主动、干脆、理智一些，现在的生活是不是不一样？过去遇到的某个人，是个非常适合自己的人……

看，想得多了，什么情绪都会出现，而且大多是负面情绪。

阿莱是平面模特，每个月有几天要拍广告照片，虽然她只是某个淘宝服装店的"代言人"，却有不少粉丝，大家喜欢她的笑容，那笑容又开朗又阳光。很多人给她发微博私信，说着自己的伤心事，希望得到她的建议和安慰。阿莱本身也是学生，又有模特工作在身，根本抽不出回信的时间，但是，她会认真地看每一封信，她读到了很多故事。

故事大多是伤心的，有人惋惜数年前的一场恋爱，有人后悔曾经的一个决定，有人诉说自己被人伤害，有人讲述家庭的不幸，有人遭遇生离死别，有人说起失败，有人说自己得了抑郁症想要自杀……有时，阿莱会点进他们的微博，她发现这些有很重心事的人，并不会在微博里表露出悲伤情绪，而是只晒一些吃吃喝喝的照片，偶尔说说生活感悟。

阿莱的年纪并不大，个性比较简单，她说，通过阅读这些故事，她成熟了不少。有时候她也会想起自己的伤心事。特别是开心的时候，伤心事会突然出现在脑海里，让自己失去了心情，却也只能装作不在意，继续维持笑脸。对那些特别伤心的人，阿莱根本不知道怎么安慰，只能回复一句："忘了吧，忘了就好了。"这是别人经常安慰她的话。

阿莱相信遗忘是很好的药物。在她最悲伤的那些时候——16岁的失恋、18岁的高考失败、20岁签合同时被人设计——都是靠遗忘撑过去的。悲伤的时候，她不是拼命学习，就是拼命工作，让自己累得没空想那些事。或者，她会去吃美食，拍美美的照片，找朋友疯玩，她还因为照片得到了自己第一份模特工作。

阿莱在微博介绍里写了一句话，希望与所有粉丝共勉："很多人羡慕我的开心，我的开心没有秘诀。把不开心的事尽快忘掉，我们都能微笑。"

有一些人，他们并不算唠叨，平日遇到困难，他们积极解决；对待生活里的麻烦，他们妥善应付；和朋友聊天，尽量不散发负能量。但他们心中有过不去的坎儿，时不时为情绪笼罩上阴影，这时候，他们会明显的不开心，需要倾诉，一次次地说起某段不愉快的往事。旁人劝了又劝，完全没用，也不忍心苛责。他们的抱怨，不在现在，而在过去。

这种特定的抱怨也会给生活带来负面影响，这种影响不是人际上的或是行为上的，主要是心理上的。放不下过去，最快乐的时候心头也会掠过阴云，快乐得不完全。因为那症结、那阴影、那伤痛，生活始终不能完整，心灵时不时被因此而来的负面情绪干扰，哪怕只有几个瞬间，也会让人沮丧不已。

谁都有忘不了的事，如果它们成了负能量的来源，时刻阻挡你的阳光，你唯一的办法就是忘掉它们，不再让它们影响你。

例如，童年的不幸。童年是一个人性格形成的关键，童年不幸福，性格很难阳光。但过去就是过去，就是因为尝过心酸，才必须在未来尝一尝成功和幸福。不要让那些噩梦般的情绪继续困扰你，想想你现在的生活，你已经脱离了旧的环境，你已经有能力为自己争取一片天空。

例如，他人的嘲笑。人们很难不在意他人的恶意，这是对自己的否定，赤裸裸地揭开了自己的缺点。这些足以让我们对人际关系产生反感，对自我产生怀疑。但我们的生活终究与他人无关，忘记别人的嘲笑，而记住别人对自己的帮助，这样的人想起过去，怎么能不幸福、不自信？

例如，得不到的爱人。一段刻骨铭心的感情以分手收尾，多少悔恨留在心里，遇到了很多人不如当初的那一个，想到就遗憾，甚至觉得无法再爱。但是，把现在的感情与被美化了的过去对比，何其不公平？把逝去的一段永远放在心里，寻找新的幸福。一对情人之所以分手，本质原因是爱得不够又不合适，你应该去找那个最适合你的人。

很多事应该忘记，或者把它们埋得深一些，让它们不再干扰你现在的生活。想到过去的伤心事，你可以迅速转移注意力，不断地想开心的事，或干脆深入分析，找到根源，从此认识错误，彻底放下。当你为过去伤感时，谨记四个字：活在当下。

05/ 激情在哪里，动力就在哪里

大岚发现，一种"无激情"的病毒正在蔓延。

打开朋友圈，不只一个人说："最近都没什么事情做，除了工作。"

打开QQ，很多头像旁边都写着"心好累""无聊"之类的签名。

打开微博，刷新一下，就会看到一堆无聊内容，透露着主人们的乏味。

把大家叫出来聚一聚，找点乐子？一群人坐在咖啡馆或酒吧，话题逐渐变成：明明忙得要死，却不知道自己在干什么。

好吧，组织个活动吧，让大家娱乐一下。可是不论唱歌、看电影，还是踏青、吃烧烤，大家兴致都不高。不忍辜负发起人的雅兴，他们努力做出笑脸。

是不是只有谈恋爱能让人精神点？也不行，恋爱几年，僵持不下，他的缺点、她的毛病谁也改不了，相爱简单相处难，心累。

学点什么？学了有什么用呢？费时费力费钱费心血，没几天就忘了。

……

大岚哀叹，这哪里是生活，还是说生活就应该是这个样子？几年前大家毕业的时候，意气风发的样子去了哪里？难道生活就是一个消磨人的机器，首先磨去人的棱角，让人社会化；然后磨去人的激情，让人规规矩矩；最后磨去人的所有理想，让人只做一颗社会机器上的螺丝钉？

这太可怕了，大岚想。她想尽快突破这种状况，治好这种疾病，可是，究竟该做什么呢？想起来就犯懒。一不留神，她的状态就变成了："要做的事一大堆，什么也不想做，怎么办？"没一会儿，一堆赞，大岚哭笑不得，将手机远远地扔了出去。

唉，激情在哪里？动力在哪里？

人为什么会无聊？要么因为没有事情做，要么是因为做着不想做的事。

无聊似乎真的有传染性，一个人精神不振，整个团体跟着士气萎靡，偏偏精神不振的人很多，找不到事情做的人更多。他们并不是游手好闲，他们的工作时间不少，只是找不到价值，找不到寄托，找不到动力，找不到激情，找不到当年的兴奋感，找不到曾经的新鲜劲儿。

最后，连目标都变得遥不可及，他们不会去想"我为什么会这样"，这个问题太无聊，他们宁可去想"人活着究竟为了什么"，当然不会有好的答案。他们从曾经的雄心壮志到现在的无聊烦闷，前后不到几年。这是成熟吗？不，这是麻木。

麻木的人四处可见，只要你在一个人的社交软件或谈话中听到类似"心累""烦""什么也不想做"之类的口头禅，他十有八九已经对生活或工作丧失了激情，每天只想着完成定量任务，完成游戏任务，再完成吃饭、刷牙、洗脸、睡觉任务，天天如此。这样的生活能不让人麻木吗？

也有人说，生活的本来面目就是如此，哪里有永恒不变的新鲜？激情过后，一切就会按部就班。这句话只说对了一半。生活的本来面目是平淡，而不是麻木。平淡的生活像水，时不时有涟漪和起伏，真正懂得生活的人从不抱怨无聊，他们会在这洁净的水域里享受与激情不一样的幸福。

麻木是另一回事。麻木者的生活没有滋味，像笨重的老式时钟，只会嘀嗒嘀嗒提醒人们时间在流逝，定时定点通知人们该做什么，偶尔还会出点问题。这样的生活当然就是很多人口中的"日复一日，年复一年，没有任何改变"，他们没有心情去享受，没有自信去突破，没有头脑去质疑，只能看着生命不断流逝。

熟悉的环境、稳定的生活、程序性的工作、过于明确的关系，都会让人失去激情，甚至让人感到乏味，但不要忘记，这些都是你曾经努力想要争取的，它们必然有值得你争取的价值。你应该看看激情之外的东西。环境给人带来舒适感，生活稳定让人有安全感，工作熟练保证了你的职位和未来，一段有把握的关系让你的心不再漂浮不定。这难道不是幸福吗？

对待激情的流逝，首先要懂得感恩，感谢自己手中所拥有的。每一份拥有物都有值得不断挖掘的价值，不要把它的作用仅仅定义为"唤起激情"。然后，你应该寻找自己的激情所在，想办法唤起更多的激情，让生活更加丰富。

人们向往激情，不只因为它带来新鲜刺激的体验，还因为它能够形成一种凝聚力，让我们能把注意力百分百集中在一件事物上，心无旁骛地为目标努力，甚至废寝忘食。这个时候，效率是最高的，头脑运转速度是最快的，得到的结果也是最好的。可以说，激情是成功的重要保证。

可是，激情很难持久，最初的新鲜劲儿过去后，我们就必须面对冗长的沉闷局面和单调的重复动作。我们最初的专注也在不知不觉间消失，我们开始懒散，开始拖沓，开始左顾右盼，寻找更有趣的事物。为什么很多人看上去兴趣颇广却心得全无？就是因为他们只在乎一时的新鲜，不愿面对之后的平淡，也正因如此，他们做事总是虎头蛇尾。

从心理学来解释，人们重视新鲜的东西，是因为大脑皮层形成的兴奋灶比较强烈，不易受其他兴奋灶干扰，因此，人会在此时变得专注，身体各方面协同努力，不易出错，效率超高；一旦新鲜劲儿丧失，兴奋灶变得微弱，其他兴奋灶的干扰增大，人就会三心二意，容易犯错误，而且不容易完成任务。

　　刘威从29岁那年开始从事人力资源，至今已有10年以上的HR经验，他看人奇准，亲自招聘、留下的员工，几乎没出过太大问题。他不但被老板器重，还有朋友邀请他组建猎头公司。刘威很满意就职公司的待遇，一口回绝。他最近的工作是培养人力资源部的新人。

　　3月公司招新，刘威带着几个工作不到一年的新人组织招聘会、看简历、面试，他的主要任务是考察新人的工作能力，并传授经验。新人的工作热情高，一连几天都在高校搞招聘会，没人叫累，刘威也受到感染，很有干劲儿。他们每天忙完都累得腰酸背痛，拿着一堆简历在就近的饭店一边吃饭一边研究。

　　小林眉飞色舞地说起今天遇到的一个毕业生，那是一所名校的设计专业的学生，谈吐有趣，爱好广泛，说起自己的经历，令小林咋舌，这个人不但美术功底好，还学过插花、茶道，是业余网球选手、登山爱好者，曾参加沙漠徒步行走，还加入过环保协会，高中时当过奥运会志愿者，写过诗歌小说……"我的爱好多，想法多，广告需要的就是新鲜有趣的想法，我想我能胜任贵公司的设计工作。"小林转述那个学生的原话，又加了一句："听听，说话都这么成熟！"

　　"他有没有获过什么奖？"刘威问。

　　"获奖？"小林愣了愣才说，"我看他也不像那种非要参加比赛的人，简历上也没有获奖经历。"

　　"那他的小说出名吗？"刘威问。

　　"他没说，应该不是很出名。不过，他又不是写小说的！"

　　"这个人不合适。"刘威说，"兴趣太广，凡事做不长。广告部的工作你们知道吧？按照客户的要求改设计，不知道要改多少遍，他肯定改两遍就腻了。我们挑的是合格的员工，不是这种兴趣型天才——我看他的天分也有限。"

　　小林不服气，又说了他们今天的谈话，证明那个学生多么有想法，刘威也不反对，"你可以给他一个面试的机会，也可以让他试用，到时候自己看看。"

那个大学生很顺利地通过面试，开始试用。小林没事就找广告部的人打听新人的情况，听说新人工作认真，一连提了几个产品方案都得到了通过，他听了那叫一个高兴，他甚至想："刘经理也会看走眼，还是我的眼光好！"

没想到1个多月以后，这位新人的效率明显下降，工作热情不高，每天都显得很烦躁，3个月试用期还没到，此人就主动走人了。小林急了，给新人打电话，新人还记得他，跟他解释说："林哥，我是个有很多想法的人，我的人生目标就是实现这些想法。我以为这家公司是一个很好的平台，没想到我进来以后，每天做的事就是改设计稿，我感觉我的脑细胞快要枯死了，我想我还是适合更有挑战性的工作，我决定去游戏公司试试。"末了，他还跟小林道了谢，感谢小林的照顾，礼貌又周到。

小林挂掉电话去找刘威，哭丧着脸说："刘经理，那个新人走了，和你说的一模一样！你怎么这么厉害！"刘威说："不给你个教训，你总是不服气啊。下次记住，别招那种没长性的人，工作啊，最需要的就是耐得住性子，才能做出成就。"

小林郁闷地点了点头。

马云说："创意是企业运营中一个很重要的一环，但它只是一环，不是所有，所以要把每项工作落到实处。"很多人觉得自己有很好的想法，却总是找不到实施的条件，最后只能落空。最重要的失败原因就是他们过于看重创意的激情，而忽略现实的各种环节，不愿跟进过程，不愿抠细节，更不愿修改创意完善计划。

这和做梦是一回事。梦最初都是美好的，有一个梦想，心花怒放，充满干劲，跳起来行动，一睁眼发现现实还是那个现实，梦中的那个理想的自我连影子都没有。"唉，可惜是做梦。"他们这样叹息着。有什么可惜的，你不去按照梦想一步步努力，就别想达到目标。有再好的想法，落不到实处就是做梦。

但你知道你也曾积极过，你曾想尝尝梦想变为现实的美妙滋味，你也曾没日没夜地在脑子里转同一个念头，你愿意为了目标加班加点，你调动了所有精力，你为每一次进步雀跃不已。后来，你可能失败了，可能遇到挫折放弃了，可能被其他事拖住了脚步，你没能得到想要的结果，你发现你再也不能像以前那样专注了。

人为什么会丧失专注力？最大的原因有两个，一是过分在乎结果；二是心态浮躁，总想着其他目标。这两个原因也可以归为一个，你太贪心，总是想着所有事都如你所愿，合你心意，否则就不愿意做，宁可选择另一件，反正我们最不缺的就是轻率的选择。

所以我们看到，很多人涉猎广泛，但不精通；很多人计划很多，很少完成；很多人兴致勃勃，后续无力；很多人三心二意，一事无成……这世界每天都有人丧失激情，因为他们不知道专注的重要性坚持的价值、激情的生命力，必须靠自己来延续。

想要专注，就要坚定目标，定下时间，按时作息，更要紧的是赶快排除一切干扰。干扰是专注的大敌，不论干扰物是一个人、一个游戏、一杯咖啡，还是一个念头，只要它们出现，就立刻将它们拒之脑外，强迫自己只干一件事。将这个过程反复强化，直到它成为习惯，你会发现自己的心态稳定了、行动稳重了，浮躁的念头越来越少，你的专注力回来了。

最后，胡思乱想导致浮躁，不利于专注力的产生，更不利于激情的产生。胡思乱想没有目标、没有计划，让人陷入一大堆不切实际的选项中，耗费精力思考，却没有答案。因为那根本不是你的选择题！人的思想应该有个大方向，和自己的工作、生活、爱好有关的，优先考虑，其余的，不值得你浪费太多脑细胞。

要相信，生活因浮躁而混乱，激情因专注而产生。

06/ 有些"病"是自己想出来的

有些病是你自己"想"出来的，你相信吗？

古代有个国家叫杞国，杞国有个胆小的人，他经常想一些奇怪的问题吓唬自己。有一天，他看着头顶的天空，突然自言自语地说："如果天突然塌下来，我怎么办？天这么大，我根本无路可逃，只能被活活压死！"

他越想越害怕，仿佛天马上就要塌下来，他马上就要死掉。他每天都想着这件事，茶不思饭不想，脸色越来越憔悴，身体越来越不好，最后竟然卧病在床。他的朋友们知道这件事，既好气又好笑。一个聪明的朋友决定去开导开导他。

这位朋友对病床上的杞国人说："天不过是气体的聚集，你每天都在这些气体里活动，为什么还要害怕它塌下来呢？"

杞人说："如果天是气体，那些太阳、月亮、星星不会掉下来吗？"

朋友说："它们也只是气体中的发光体，掉下来又能怎么样？"

杞人又问："那如果地陷下去怎么办？"

朋友说："地不过是堆积起来的土块，到处都是这样的土块，你每天都在上面活动，为什么要担心它陷下去呢？"

朋友这番话让杞人茅塞顿开，他的病很快全都好了。

不论你为这个老故事笑了多少次，你依然会发现，这种人随处可见。你可能也有这样的经历，突然觉得自己没胃口、心烦意乱、失眠、头疼，于是去医院挂号求医，医生检查来检查去，不见任何病理变化。但这些症状仍在持续，晚上还是睡不着觉，白天还是头疼，感觉身体越来越得差，心情也越来越不好，比以往更容易感冒，甚至怀疑自己是不是得了什么不得了的大病，去检查，依然"一切正常"。

与其担心身体怎么了，不如担心心理怎么了。

很多人的身体明明很健康，却总是一副病恹恹的样子，这是因为他们有一种"疾病思维"，就像故事里的杞国人担心天会塌下来，好好的人突然病倒；现代人也经常因为心中各种各样的担心、各种郁结的情绪，而导致身体出现不良反应。

睡觉前还在担心明天的工作，你还能睡得好吗？

做什么事都担心自己没做好，神经总是绷得紧紧的，片刻不得轻松，你能不心烦吗？

心慌意乱处理不好生活琐事，看着一盘散沙式的日程安排，你能不头疼吗？

睡不好、没胃口（吃不好）、提不起精神、压力超标，你能不生病吗？

看，从心理负担到生理病变，就是这么一个自然而然的过程。但我们也要知道，在这个阶段，人们生病也只是小病，身体状况虽然变差，却也没有自己想的那么严重。倘若认为自己得了什么大病，有了更加沉重的心理负担，身体就会更差，病就会更重。

现代医学已经充分认识到了心理对身体的影响，承认心理因素也能引发肉体疾病。更加科学全面的健康观正在被提倡，其核心是身心平衡。这不难理解，人的精神好了，病也好得快，不少得了绝症的人，因为精神状态好，心态积极，进而延年益寿，这可不是个例！

那么，疾病思想是怎么形成的呢？根源在于一个人没有形成好的健康习惯，导致他对自己的身体总是疑神疑鬼，认为自己快生病了。人体就像精密的仪器，各种器官和细胞共同作用，难免出现不舒服，这未必是大病——定期身体检查可以帮助人们排除对大病的担忧。保持规律的作息和健康的饮食习惯，加以适当运动，就能保证基本健康的心态。

此外，还要保持心理健康，心理因素才是疾病思想形成的最主要原因。

心事重的人容易生病

古典名著《红楼梦》中，女主角林黛玉是多愁多病人物的典型。林妹妹天生娇弱，但生在富贵之家，天天用人参、燕窝滋补，按理说，她的身体状况怎么也该有点起色。但林妹妹多愁善感，有了不顺心的事必然大哭一番，偏偏她日日都有不顺心的事，动不动就大哭。如此重的心事，导致她的身体越来越差；相对地，薛宝钗幼时也生过大病，她事事看得开，不钻牛角尖，随遇而安，因此身体一天比一天好。从审美上来说，人们对林妹妹和宝姐姐有各自的偏爱；从身体保养角度来说，大家真应该学学宝姐姐。

压力大的人容易生病

现代社会，每个人都有压力。随着年龄增长，压力只会越来越大。这个时候要锻炼自己的心理承受能力，抗压能力强，才能应对挑战。否则今天的压力已经让人不堪重负，明天的压力让人看不到前途，再有个突来的压力，也许就是压垮骆驼的最后一根稻草。长时期的心理超负荷，人肯定会生病。但压力真的大到让人生病的地步吗？恐怕有一大半是臆测中的风险、想象中的事故、猜疑中的不走运。一个人踏踏实实地努力工作，总会在社会上有一席之地——有这样顺其自然的想法，你的压力还会那么大吗？

过分焦虑容易生病

有的人天生爱担心，他们的笑容不多，总是担心这个、焦虑那个。工作的时候担心失业，学习的时候担心白费力气，与人交往的时候担心被骗，总之，他们总是以一种消极的思维对待生活中的一切，而且还认为这样的自己有危机意识，目光长远。他们对危机意识到底有什么误会？危机意识是对未来的良性担忧，产生的是争分夺秒的动力，而不是杞人忧天的压力。科学研究，人们所担心的70%以上的不幸事故都不会发生，所以，没事不要庸人自扰，自己吓唬自己。

排解心事、看轻压力、减少焦虑，你就能从根本上摆脱疾病思维，让心灵以轻松的状态迎接生活中的挑战。当你感到没来由地头疼、胃疼、睡不着时，不妨先从心理上找一找原因，千万不要成为疾病思想的俘虏！

07/ 人生从来都是自己做主的

耿先生今年做投资赚了不少钱，亲朋好友都想打探他的赚钱秘诀，尤其是阖家聚会或老同学聚会时，耿先生一定被围在当中。有人问他究竟该买哪支股票，有人问他金属交易可靠不可靠，有人问他哪家银行的理财服务更好，耿先生无奈地说："就算我给你们建议，也没有什么意义，这是我的经验之谈。"

大伙儿当然不信，围着耿先生又是敬酒又是起哄，说耿先生"不够意思"，耿先生说："我说说我的经验吧，你们听了，就知道我没说谎。"

耿先生家境不错，每年的压岁钱特别多，父母有心，从来不许他乱花，而是给他办了一张银行卡，全部存进去。等到耿先生大学毕业，不但获得了一份还算不错的工作，而且拿到了那张银行卡，父母说，他已经独立了，可以自由支配这笔钱，究竟要做什么，由他自己决定。

在父母的精心教育下，耿先生不爱乱花钱，他立刻想到了要把这笔不算少的钱用来投资。工资只是基本保障，投资才可能创收。他兴致勃勃地开始试水，每天关注股票论坛，听着别人的经验，跟着那些投资大师的脚步走，还特意认识了几个这方面的朋友，想要得到点宝贵经验。可不知为什么，他的投资总是失败，那笔钱已经大规模缩水。

起初，耿先生将这件事归咎为金融市场的高风险。后来，一位和他关系特别好的基金经理人私下劝他不要总是盲目跟风投资，要试着自己决策，否则很难赚到钱。耿先生半信半疑地自己分析股票走势，不论其他人怎么劝，他还是买了两支不被看好的股票。

一年后，其中一支股票涨了很多，另一支股票也有小规模上涨，耿先生赚了不少钱。他这才意识到，想要做出正确决策必须靠自己。他随即想到，古往今来的成功者都是有主见的人，没有几个人仅靠从众就成为佼佼者。从此，那些"投资圣经"之类的言谈只是他的参考，他真正学会了自己寻找、分析有价值的项目。

"你们让我说某个项目能不能赚钱，我真说不好，我们投入不一样，我不赚钱，可你们未必不能赚，反过来也一样。而且没有深入研究，我怎么能随口说？赚钱这个事，问谁都没用，不自己去试，肯定赚不到！我说的都是大实话！"耿先生喝得高了，大着舌头说出这些话。周围的人陷入了沉思。

学习与思考带来的最大收益是什么？不是直接的金钱，而是主见！

人有主见太重要了，就如耿先生发现的，古往今来的成功者无一不是有主见的人。显而易见，中国人这么多，没有独特的想法怎能出人头地？没有主见怎能独特？在所有人都随大流的时候，你能抓住不一样的东西，你就可能成为"领头羊"。

没有主见的人随处可见，看到别人做什么他做什么；领导说一句他走一步；需要做选择时一定要别人拿主意。就连吃个午饭都要问问别人，玩个游戏都要看看别人，别人跑他们就跑，别人停他们就停，靠从众得到安全感。对那些敢于直抒己见的人，他们半是不赞同半是羡慕，打从心里将自己和对方区分开，认为他们是不同的人。

就拿投资来说吧，有这样一段十分精彩的对话。

原美国财务顾问协会总裁刘易斯·沃克，接受一位记者的采访，记者问道："一个人不成功的主要因素是什么呢？"

沃克回答："模糊不清的目标。"

"什么样的目标算是模糊不清呢？"记者请沃克做进一步的解释。

沃克说："我在几分钟前就问你，你的目标是什么？你说希望有一天可以拥有一栋山上的小屋，这就是个模糊不清的目标。问题就在你所希望的'有一天'不够明确。有一天可以是明天，也可以是一年以后，还可能是二十年以后，因为目标不够明确，你就不知道应该怎样去具体地实现它，所以成功的机会也就不会大。"

记者又问："那怎么样才算是目标明确呢？"

沃克告诉他："如果你真的希望在山上买一栋小屋，你必须先找到那座山实地考察，咨询一下专业人员那间小屋现在值多少钱，然后考虑通货膨胀等因素，计算出若干年后这栋房子值多少钱。这样才能知道自己为了达到这个目标每个月要存多少钱，并为存钱做好收支计划。这才是一个明确的目标，如果你真的这么做了，你就会在不久的将来拥有山上的那栋小屋。"

那些有准确目标的人，下手准、出手快，从不拖泥带水。目标越明确，对目标的理解越深刻，就越能集中精力做事，更快、更好地执行下去。那些没有主意的人呢？他们常常做的只有观望、等待、犹豫、问问问，稀里糊涂地赚了赔了。他们所谓的理财，更像是赶时髦。

看来，不论做什么，都要先把自己锻炼成为一个有主见的人才行。

有主见需要勇气。出头就意味着风险，与众不同一定会带来非议，很多人承担不了风险和非议，选择和别人一样，自己断了自己的前途。要知道挑战最需要的就是勇气，你连不相干的非议都害怕，还能克服货真价实的困难吗？不畏他人目光，敢于做不同的事，才是有主见的标志。

有主见需要底气。"主见"是个褒义词，它包含了个人的经验和思考，代表了智慧。而那些坚持自己没有含金量主张的人，他们也同样有勇气，可能也和别人不同，但人们只会说他们固执。主见和固执大不一样，形成主见是一个学习、积累和思考的过程，它来自深思熟虑，而不是一时之气。所以在你拥有足够的底气之前，还是先多多学习、多多经历吧。

有主见不是和别人对着干。有些人喜欢标新立异，喜欢别人夸自己独特，喜欢和别人对着干，以显示自己有主见，这是最傻的行为。所谓有主见，未必是要和所有人都不一样，而是比所有人都清醒，知道自己究竟在做什么，会达到什么目标。不要为了标榜个性而去"逆潮流而动"，这种幼稚的行为毫无意义。

总之，随波逐流可能会带来暂时的安稳，但不会带来真正的前途，想要超越自我，超越他人，就不要盲目听从周围人的声音。当你有了这个意识，你不会再是一个"没主意"的人，相反会有很多人找你出主意。因为一个敢于做决定的人，真的很难得！

Chapter 3 / 给自己修出一条路，
一条将崎岖变得平坦的路

　　一个人从幼稚到成熟、从懵懂到聪慧，往往要经历太多的思索和挣扎，这些心理历程往往只有自己才真正知道。当你陷入迷茫和困惑时，与其等待他人的救赎，不如认真思考是什么导致了这样的现状，然后俯下身去，朝着幽暗深处的自己伸出手去。

01/ 限制了生活的，往往是我们自己

很多人抱怨自己的生活受到限制，工作限制了自由，责任限制了梦想，日常生活限制了眼界的开拓，人际交往限制了感情。在他们眼中，只要不合意，一切都是阻碍，但又没有改变现状的勇气，只能抱怨。其实，真正限制他们的，是故步自封的思想。

不是吗？那些抱怨工作限制自由的人，大多不能高效地完成工作，省下自由的时间；那些抱怨责任太重的人，有什么资历大谈梦想？他们连责任都搞不定；那些抱怨日常琐事太多的人，大多不能把生活安排得有条理，导致处处有漏洞，时时被牵制；那些抱怨人际交往太复杂的人，本身并不懂得经营感情，否则遇到那么多的人，怎么不见真情流露？所以，他们被限制，是因为认为了自己"做不到""没办法"，只好找些借口。

幸福的人生需要的是成就，而不是抱怨。如果一个人感到不幸福，即使享受奢侈的生活，拥有巨大的名气，依然还是不幸福。突破现有生活需要巨大的勇气，人们难免担心突破现状后的处境——会不会更加不幸福？如果突破后得到更多的痛苦，为什么还要突破？这种担心促使人们只好继续下去。

也许我们该说一说幸福。幸福是什么？吃饱穿暖的物质生活？令人羡慕的光鲜状态？拥有名声和地位？外人眼中的"一切都好"？有些人拥有许多，但他们却未必幸福。很多看似安稳的人也体会不到幸福，相反，他们觉得乏味和沉重。可见，幸福是一种心理上的感觉，和外界的一切无关。

这种感觉要求人们正视自己的内心，于是，有些人忍受着孤独

做着旁人不理解的研究，为每一个小小的发现雀跃；有些人不去追求世人追求的高薪职业，而进入自己喜欢的行业，每一天保持工作的激情；有些人不顾别人的眼光选择自己爱的人，享受二人世界里那些不为人知的甜蜜……他们当然也很辛苦，但在内心深处，他们不后悔，也不空虚，总有一种充实的感觉，这就是幸福。

充实的人更容易拥有目标和成就。这不难理解，一个空虚的、将就的人因为对现状不满，也不愿确定目标，他的努力永远是机械的、缺乏方向的，不能向同一个地方使力，经常做无用功；而充实的人的目标非常明确，他们要进步、要更好的生活、要真正的成就，所以他们会要求自己自律、要求自己动脑、要求自己付出再付出，直到目标达成。

在现状和改变之间、在充实和空虚之间，人们看到的永远是困难，而不是一条康庄大道。我们需要的是做出选择的勇气。改变，当然会带来风险，带来跌进谷底的恐惧，可能让平静的生活不复存在，让人面对巨大的压力。但是，改变后的自己的内心，将比任何时候都要充实，甚至拥有了背水一战的勇气。

这一次，我们主动进行了选择。

02/ 不要让懒惰操纵你的人生

懒是一种什么样的感觉？很多人会告诉你，懒代表舒服和闲适。把生活节奏放慢，安心地做每件事，想做的时候做，不想做的时候在沙发上懒一懒，不逼迫自己，不给自己压力，事情总会解决，着急有什么用呢？没烦恼，很开心，这就是懒人哲学。

这是真的吗？

小胡的口头禅就是："哎，我真是太懒了！"说这句话的时候，他带着一点故意的愧疚，还带着一点得意。他一点也不觉得懒有问题，懒会带来麻烦，相反，他为自己的懒惰得意，认为这是一种包含了大智慧的人生态度。懒，能让自己不累；懒，自然有人会把事情解决；懒，就是得过且过，什么事都能过去。

小胡一懒，他身边的人遭了殃。

问题的根源也许是他的爸爸妈妈。小胡算是一个比较聪明的孩子，为了能让他专心学习，他的爸爸妈妈包办了所有家务，小胡从小到大甚至没洗过一双袜子。就连上了大学，也是把脏衣服攒起来，每周末背回家交给妈妈。

小胡的女朋友几乎是个全职保姆，要照顾他的饮食起居，每天中午还要发短信提醒他吃午饭。

小胡的朋友不得不经常帮小胡做各种事，从公事到私事。

小胡的同事更头疼，他们经常被小胡拖慢了进度，只好承担额外的工作。

就连小胡的上司也不能幸免，有时候十万火急地问小胡："那个报表做完了吗？"小胡一拍脑袋："哎呀！忘了！我马上做！"

小胡人不坏，脾气好，怎么骂都不生气，对人大方，脑子聪明，有很多优点。但在他身边的人，都觉得自己是个免费保姆，都拿这个大男孩没办法……

你身边有没有特别需要照顾的人？他们身上有很多优点，有些人非常聪明，有些人有艺术天赋，有些人善解人意，有些人天真可爱，和他们相处，你会下意识地迁就，下意识地照顾，当他们懒得去做某些事时，你义不容辞地帮忙。渐渐地，帮忙变成了你的责任，情分变成了本分，他们心安理得地接受着，你却越来越觉得不对劲——为什么你就像是他们的保姆，还没有任何工钱？

世界上就是有这样的人，他们不是没有能力，也不是缺少时间，他们只是懒得自己动手，恨不得把一切费时间、费精力的事都交给别人去打理。有些人是无意的，他们只是怕麻烦；有些人是故意的，他们就是要占人便宜。而那些耳根软、性格温和、不好意思得罪人的人，就是他们的目标。

友谊应该是平等的、相互的，单方面地付出总会让人觉得疲惫，疲惫可能变为抱怨，抱怨可能变为愤恨。想要享受友情，最后得到一份愤恨，还不如从一开始就擦亮眼睛。何况，就算你不介意顺手帮几个忙，当几个小时保姆，对他们本人就有好处吗？放纵他们的依赖，培养他们的惰性，你不是在帮忙，你是在害人！

和懒惰的人在一起，你可能因为觉得"不公平"而开始拖延，开始推脱，开始懒。"近朱者赤，近墨者黑"，不想变成大懒蛋，还是尽量和勤快的人在一起。他们的高效率会让你检讨自己的懒怠，留意自己的时间安排，提高效率，开始"闲不下来"。

03/ 充满善意的人，也会被善意温柔以待

史密斯夫妇生活在英格兰中部的一个小镇，他们的邻居中有一对年老又贫穷的夫妻，这对夫妻没有子女，丈夫生病，妻子靠卖土豆条的微薄收入支撑家庭。史密斯夫妇很同情这对老夫妻，但这对老夫妻很要强，根本不愿接受邻居们的帮助。

这一年圣诞节前夕，史密斯夫人对丈夫说："我们多买一棵圣诞树装饰起来，送给隔壁那对老夫妻吧，他们一定需要圣诞树。"史密斯先生说："当然，我们应该这样做，不过，我们最好选择一棵小一点的，他们不会收贵重的东西。"装饰圣诞树的时候，史密斯夫妇的儿子和女儿也来帮忙，挑出最好看的饰物挂在送给邻居的树上。

史密斯一家有些忐忑地送出这件礼物，那对老夫妻充满惊喜地接受了它，把它放在桌子的中央，他们说："已经有很多年没有看到过圣诞树了。"圣诞节结束后，这棵圣诞树依然装饰着这对老夫妻的桌子，他们说看到这棵漂亮的树，就重新找到了生活的勇气。

史密斯一家也没有想到，他们随手送出的一件小礼物，竟然有如此大的功效。

现代人经常说社会充满冰冷，缺乏善意，但以最大的恶意去揣测别人，你只会感受到这个世界的所有恶意。一个人，只有把自己的善意给别人，别人才会同样将善意回馈于你。

做人一定要与人为善，与人为善的意义是什么？不一定是对方的回报，而是看到对方克服困难后对自己的肯定，看到了难得可贵的价值。人与人的温暖瞬间，可以让我们忘记生活中的很多不愉快，而我们的举手之劳，对他人可能有极其重大的意义，所以，何乐而不为？

满腹抱怨的人有一个很大的缺点，他们并不是恶人，但在与人为善这个问题上，他们总是走在后面。倘若他们看到一个人需要帮助，也会主动伸出援手；倘若别人求他们帮忙，他们也会尽力而为。不过，接下来发生的事可不太美好。

如果被他们帮助的人没有表达足够的谢意，他们就会不满，认为对方没有感谢他们的好意，认为对方不够礼貌；如果被他们帮助的人没有任何回报，他们也会不满；如果他们去求那些人办事，对方刚好没法帮忙，他们立刻就会抱怨，甚至认为对方忘恩负义。总之，接受了他们的帮助，就要做好被他们念叨的准备，他们会说："我经常帮助别人，比如××、×××、××等，可是却没有什么好运气，也不见他们拉我一把。"看，这么巨大的人情债，谁想欠？所以满腹抱怨的人总是人们避之唯恐不及的对象。

公正地说，他们真的不是一定要别人回报，只要能给他们一点反馈，他们就会因自己的价值得到了发挥而沾沾自喜。这种人容易计较，就是因为计较太多才会抱怨，想要体会到社会的美好，首先要改掉计较的毛病。就拿与人为善这件事来说，做好事倘若都会有回报，它就不会被众人称颂，正因为它常常没有回报，才显得难能可贵。

拥有善意的人，一定会给周围的人带来很多帮助，这恰恰是不幸的人很难做到的。不幸的人每天只想着自己，很少想到别人，他们去哪里寻找正能量？必须把心胸放宽，把眼光放远，多想想旁人，少考虑自己，如此一来，才能看到更大的世界，看到更多的机会。

不求回报地帮助他人，换来自己和他人的好心情。不必想着回报，不必一定要让别人知道，也不必总是把这件事放在心上。秉承与人为善这一习惯，你会发现喜欢你、帮助你的人越来越多，你的计较之心也在不知不觉中减少，你的不快更是无从说起。看，因为他人，你改变了自己，这就是善良的意义。

04/ 一个人悲观与否，来自自己的选择

和悲观的人在一起，是一种什么样的感觉？

不论晴天雨天，每一天都是灰暗的，看不到前方有希望的存在，即使有开心的事情，也像刚刚点燃的火苗一下子就被雨水浇灭。

很少谈论未来，因为现在的一切都那么糟糕，总能看到事物的阴暗面，对于任何事都想到最差的一种可能，并把它当成唯一的可能。

没有正面结论，对人对事都习惯性地做出负面判断，相信人性是阴暗的，生活是庸俗的，快乐是虚假的，人生是被动的，感动是廉价的。

有一种看透一切的空虚感，却以为那是智慧和超脱，有时还会冷笑。即使不哭，也常常被难过的情绪纠缠着……

和悲观的人在一起，你感受不到生命的活力，你必须承担对方骨子里的郁闷，试图开解他，宽慰他，甚至想要改变他。但一切都是徒劳的，他会反过来告诉你开解没有意义，宽慰只是客套，改变只是白费力气。你没办法从根本上改变一个悲观的人，除非有一天，他自己想开了，渴望改变了，他才可能看到生活充满阳光的一面。

所以，你可以尽量鼓励那些悲观的人，但也要注意自我防护，不要被悲观情绪渗透影响。悲观是有传染力的，一旦被传染，你的生活也会将阴雨连天，难见阳光。

鲁连连是自由职业者，从事微博自媒体，偶尔打个广告赚点零花钱。她的主要收入来自写作。作为一个小有名气的情感作家，她常在微博、微信推送情感故事和情感感悟。她每天都能收到数封私信，看到各种各样的悲伤故事。看得久了，她对感情越来越不自信。

老一辈不是讲究门当户对就是讲究革命情谊，谈一次恋爱就是

一辈子婚姻。现代人灵魂自由，生活自立，感情却没了根底，今天合了明天分了，打开私信，十有八九是失恋、痛苦、折磨、郁闷，鲁连连的任务就是选择有代表性的故事写文章，开解这些都市里的痴男怨女。总是接触这些情感事故，她开始怀疑真爱究竟存不存在，再加上她与男友也产生了矛盾而分手，她对感情再也无法乐观。

一个情感专栏作家竟然出现了情感问题？看似荒唐，却并不让人意外。优秀的喜剧演员在现实中根本不快乐，有名的厨师吃不下自己做的菜，高智商的科技人才是生活低能儿——这些报道屡见不鲜。鲁连连明白这些道理，也知道问题出在哪里。整天看别人分手，心情怎么会好？想看一点好的？哪个感情生活十分圆满的人跑来找情感作家倾诉？难怪人家说自由职业者容易得抑郁症，整天独自闷着，能不抑郁吗？

鲁连连开始学着自我调节，她开始尝试剧本工作，还会每周定期和闺密们出去吃喝玩乐。她说，习惯了坐在一个人的屋子里爬格子，更要学会亲近阳光。不然，只能像蘑菇一样在阴暗的角落里发霉。

当我们观察着身边的人是否悲观，为他们的心事感慨的时候，有时会突然发现，自己也并不是那么乐观。悲观就像人生的阴影，潜伏在暗处，在你落入低谷时笼罩你，顷刻愁云惨淡。没有人能完全乐观，人生总有短暂或长久的悲观，不可避免。

不过，一个人悲观与否，来自自己的选择。一时的悲伤可以变为长久的悲观心态，也可以成为前进的动力。最关键的是学会自我调节：不要习惯性地对事物做出负面判断；不要整日思考人生的阴暗面；不要为旧日的遗憾纠结发呆；不要过于留恋失去的东西。凡事往好处想，觉得遗憾就为未来努力，这才是建立乐观思维的途径。

另外，生活中悲观的人并不少，甚至有些外表阳光的人也有悲观的内心，我们不可能避免与他们相处，所以要学习一些相处技巧，才能既不被他们释放的负面情绪影响，又能协调两个人的关系，也许还能给对方带来乐观的好心境。

　　和悲观的人相处，首先要注意自己的言行，不能太过随便，以免打击对方的自信心或伤害对方的情感。可以指出对方的缺点，鼓励对方充实自己，但不要同情心泛滥，一味容忍，这对大家都没有好处。悲观的人容易为琐事伤心，有时甚至无病呻吟，这时候千万不要附和对方，也不要竭力安慰，用有趣或有意义的事物转移对方的注意力，让他们忙起来、动起来。不论是知识的充实，还是事业的进步，都能帮助他们建立自信。一个拥有自信的人，才能逐渐远离悲观。

05/ 远离你身边低层次的圈子

"普通人的圈子，谈论的是闲事，赚的是工资，想的是明天；事业人的圈子，谈论的是机会，赚的是财富，想的是未来和保障。"

一段时间，这两句话风靡了朋友圈，言简意赅地指出了普通人和事业人的最大不同：眼界。

我们用大量时间与人相处，互动自然而然地产生，和朋友之间有深层次的交流，和同事之间有公事或私事上的切磋，和认识的人之间有礼貌性的寒暄，有时和陌生人还会有长时间的谈话，更不要说公事上接触的客户，通过朋友结识的朋友，与远亲近邻的关系，从小到大认识的人……我们活在这个社会中，不可能成为隐士。

于是，不论工作还是闲暇，我们不可避免与人接触、与人交流，并在这种互动中感受他人的性格、脾气、智慧，有时还会受到他人的鼓励、提点、帮助。人与人之间的温情让我们得到启迪、得到安慰、得到支持，我们心存感激。可是，并不是所有影响都是正面的，很多时候，我们要用大量的时间听别人发抱怨、讲不切实际的道理，甚至承受他们没来由的坏脾气和有针对性的恶意。我们的心情也随之起落，由明朗变得一团糟。

咖啡店里，一群同事正在享受下午茶。他们是同一个游戏公司的员工，有美工、策划、文员，都是活力充沛的年轻人。昨天，他们完成了一个大任务，今天没什么工作要做，就来公司附近的咖啡厅里聚会。

小D是这伙人里最年轻的一个，今年刚从美术学院毕业，为人风趣，很讨人喜欢。他正在绘声绘色地给大家讲一个笑话，逗得人前仰后合。可是小L突然冷冷地说："这是××微博上的笑话吧？我昨天也看到了。"

小D顿时不知道该如何接话，还在大笑的同事也不知该怎么圆场，气氛变得十分尴尬。大家说了几句无关的话，就意兴阑珊地起身结账，好好的一次聚会扫兴收场，小L像是压根儿没发现自己做错了什么。几个同事私下里发消息说："小L怎么总这样？下次别叫他了！"

像小L这样的人，在我们生活中并不少见。

也许你也领教过这种人的扫兴功力，他们为破坏他人的好心情而存在。

你买了一件好看衣服，心情正好，他们告诉你："我上周在网上看到，同一个牌子，比你这个便宜好多呢！你买贵了！"

你得到老板的表扬，正在兴头上准备请同事们吃饭，他们酸溜溜地说："×××上次做的单子数额更大，简直是神人！"

你有了新的爱好，正在对朋友们介绍，他们有意无意地说："这个啊，我早玩过了，没什么意思。"

你好不容易攒够假期去了趟新马泰，正问同事们想要什么礼物，他们慢悠悠地来一句："新马泰其实没什么好玩的，还是欧洲更值得走一趟。"

……

诸如此类，让你无数次有冲他们大叫"闭嘴！关你什么事"的冲动，但大多数人没有和别人断绝关系的决心，也没有与人撕破脸皮的魄力，于是，"忍"成了必然而无奈的选择。为了礼貌，为了友好关系，你忍下了。

你可能还会为他们找借口，认为他们不是故意的，他们只是性子直，实话实说。

你可能会安慰自己，认为人无完人，朋友就应该接受对方的缺点。

你可能会劝导自己，忍一时风平浪静，何必为一时的气愤破坏两个人的关系？

你可能坦诚、恳切地与对方谈心，字斟句酌地提出建议，让对方改一改这种习惯。

……

没有用，一切都没有用。对方也许会跟你道歉，请你别介意他的直率；也许会说这一切都是你的误会，并加以解释；也许还会反过来怪你以小人之心，度君子之腹，侮辱他的人格；也许会和你大吵一架……总之，他们根本不会改变自己的作风，而作为朋友的你，就是他们最经常、最方便伤害的对象。

这是一群狭隘的人，他们见不得美好，容不得优秀，最讨厌别人比自己更受重视。所以，他们会在别人高兴的时候泼冷水，在别人进步的时候说丧气话，在别人想要表现的时候拆台，在别人有机会的时候加以破坏。然后，他们会若无其事地说："我没有那个意思，你想多了吧？你难道有被害妄想？你是不是太敏感了？"

和狭隘的人在一起，你就是他们忌妒心的靶子，他们会观察你的一举一动，从中找出缺点加以扩大，以显出他们的优越感。你的成就不会让他们开心，你的失败却会让他们窃喜，你的帮助被他们当作炫耀，你的苦口婆心让他们恼羞成怒。他们甚至会暗中破坏你的机会，会挑拨你和他人的关系，会散布关于你的谣言。你根本改变不了狭隘的人，而且，和他们接触久了，你会发现自己也开始斤斤计较。

更糟糕的事发生了。因为长期跟他们在一起，不但心情不好，还渐渐感染上了他们的心态、他们的思路，遇到事情习惯性地抱怨一句，面对责任下意识地推卸一下，遇到困难先找人哭诉，遇到麻烦先骂骂咧咧……脾气越来越坏，耐性越来越差，口头禅越来越暴躁，看着镜子，你甚至没办法喜欢自己。

当然不能把这种变化都推给别人，日常生活的烦闷，工作的繁忙，大事小情总有纰漏，人生境遇也有高低，情绪难免起起伏伏，这些都可能让我们的心灵被负能量占据。正因为如此，我们才需要注重修身养性，注重自我调节，注重与那些智慧的、积极的、善解人意的人交往，来弥补自己的不足。

牧羊人咖啡馆坐落在一条不起眼的街道深处，不太好找，但每天都有人特意来这里喝咖啡、吃蛋糕。他们有的是咖啡馆的常客，喜欢这里时而幽静、时而热闹的气氛；有的经过朋友推荐，想欣赏老板磨咖啡和拉花的手艺；还有人看到网上的评价，想到这里感受一下在几只田园猫的陪伴下读书、喝咖啡是什么感觉。

咖啡馆老板姓董，不到40岁，为人热情，爱交朋友。只要愿意，每个来咖啡馆的人都可以和他聊上几句，有时能聊一个下午。董老板的朋友各式各样，有在校学生、高级白领、生意人、小商贩、医生、警察、教授，很多人是他早年卖保险的时候认识的，如今也成了咖啡馆的常客。

董老板脾气好，别人都爱找他倾诉心事，失恋找他，失业找他，没动力找他，有人说："天天被这些烦心事包围，你也真想得开！"董老板嘿嘿一笑，说他们只看到了一面，还有不少逗趣的人、优秀的人、积极的人也邀请他看个展览、玩个蹦极、爬个山观个海。就算有什么不开心，开心一下，就中和了。

董老板敢于"来者不拒"，朋友越来越多，他也在和多种多样的朋友交往中，听到了更多的故事，了解了更多的人生，对生活的认识越发透彻。最近，他写了一本和日常生活心理有关的书，就叫《牧羊人的故事》，卖得还不错，越来越多的人来到这个咖啡馆。

不难发现，那些真正懂得友谊又善于交朋友的人，并不会把朋友分个正负，朋友多了，自然类型就多；类型多了，自然能相互中和。在积极的朋友那里得到激励，在伤感的朋友那里得到感性，在尖酸的朋友那里冷静头脑，在诉苦的朋友那里反思自己，在玩乐的朋友那里得到放松，在高雅的朋友那里提高眼界……没错，朋友越多，就越会领悟友情的真谛，也越不在乎朋友是否过于负能量。

当然，这是一种理想的交友状态，自身有底气，能够不被别人轻易影响，又能吸引他人，以大量正面相处中和了负能量，真是令人羡慕的交友方式。但是，这种状态并不能够轻易达到。

有些人不论你如何鼓励、如何忍让、如何带动，都只是纠结自己的烦恼，执意抱怨、唠叨，而且一定要让别人和他一样心情不好、满腹抱怨，他才会开心。如果你身边恰好有这样的人，不论对方是你的亲人、恋人、朋友、同事，你能做的只有迅速远离他们。

为什么要留下这样的人？和一个狭隘的人相处，你会沾染忌妒和庸俗。如果对方连一个向上的心态都没有，还总是想拉着你往黑暗里走，你唯一能做的就是将他们一把推开，走自己的路。离开他们，你会发现生活会进入正循环，你面前的世界顿时无限广阔。

这是最简单、最直接、最立竿见影的方法。离开负能量，你感到一身轻松，靠近正能量，你就会充满力量。这并不难理解，你小气，靠近大方的人，会觉得自己的算计有点可笑；你狭隘，靠近眼界开阔的人，会增长不少见识，明白自己的坐井观天；你懒惰，和工作效率超高的人一起工作，哪里有脸皮一直拖后腿；你虚荣，和那些宠辱不惊的人在一起，会立刻意识到自己的浅薄；你失落，和人一起说说"那都不是事儿"一类的豪言壮语，胸襟顿时开阔……当然，良性接触必须有良性前提，你必须有所付出。倘若你只想把他们当成垃圾桶或占便宜的对象，他们也会迅速地远离你。

王小姐说，她曾经是一个充满负能量的人，自从她遇到朱先生，她才开始正视自己身上的缺点。朱先生就是那种看上去可靠，让人感觉积极向上的人。他并不给别人讲大道理，谈人生经验，更不会像很多男人那样吹吹牛皮，吸引他人注意。相反，他很多时候都是安静的，他更愿意听别人说话。

　　王小姐第一次注意到朱先生，是在她和一伙认识、不认识的朋友去海边烧烤的时候。初夏傍晚，炭火熊熊燃起，烧烤架上各种肉类冒着油，啤酒"砰"一声被打开，众人玩得很兴奋。王小姐负责开车，不能喝酒，所以注意到众人喝得东倒西歪，准备回家时，朱先生拿出一个巨大的垃圾袋，将垃圾全都收了起来。

　　有素质，是王小姐对朱先生的最深刻的印象。通过接触，王小姐发现朱先生性格虽然温和，却是个非常有原则的人，什么该做，什么不该做，他一清二楚。他对朋友很照顾，很少沾那些说不清的人情关系，这让王小姐对他印象更好。

　　后来他们成了朋友，王小姐进一步了解了朱先生，她发现朱先生做事极有条理，却不刻板。什么时候该做什么一清二楚，又不会一心只扑工作，所以工作、生活都显得不紧不慢，有一种合理又舒适的步调。王小姐还曾经详细地记录下朱先生每天都做什么，她发现朱先生工作认真，日常生活却很随意，今天健身、明天唱歌、后天看个电影，也有时自己一个人在家里泡泡茶、看看书，总之，兴趣很广泛，总能找到有趣的事。

　　从负能量到正能量，需要一个缓慢的心态调整过程。人们总希望自己能因一句话、一次感悟、一个榜样而得到醍醐灌顶的启示，从此洗心革面，远离旧日的生活习惯和思考模式，变成一个崭新的人。这里也会有一个小小的问题，充满正能量的人大多积极而优秀，难免让人心里产生自卑或忌妒，这是我们必须克服的心理因素。

　　想和优秀的人做朋友，首先要做的就是调整心态，把忌妒变为欣赏，把自卑变为学习，把羡慕变为动力。学习他们的思考模式和工作习惯，把他们最优秀的部分应用到自己的生活中，试着从各个方面效仿他们，你会渐渐发现，大多数优秀的人能够取得成就，靠的就是优秀的习惯，你也应该如此。

06/ 你的朋友圈是一种怎样的存在

微信朋友圈刚刚兴起时，着实让人兴奋。散落在天南地北的老同学、老朋友、老熟人一下子聚在一起，实时分享生活的点点滴滴，远在天边的人好像就住在自己隔壁，沟通没有距离，交流没有限制，随时可以说上几句，友谊的距离大大缩短。每天看着朋友照片上的笑脸，用另一种方式参与他们的生活，还可以看看他们感兴趣的文章增加阅历，真是惬意！

究竟是从什么时候开始，朋友圈完全变了样子？打开一看，广告满天飞，鸡汤文一篇接一篇，包治百病的养生帖子转来转去，美图自拍照不变样地往上发，剩下的就是各种晒：晒娃、晒名牌、晒食物……

小陆正在餐厅吃饭，菜上齐了，她像往常一样，首先移动几个盘子的位置，让它们更好地集中在同一个镜头，咔嚓，一张照片。接下来，她分别拍了每一个盘子里的菜色，还拍了葡萄酒和餐具，最后，她把镜头对准自己，露出一个灿烂的笑容，如此几次，终于选出一张满意的。她又把每张照片调了颜色，有的还加了边框，直到这些诱人的照片发到朋友圈，她才开始吃饭——一面吃饭，一面看评论和点赞。

再看看和小陆一起吃饭的朋友，他们和她一样拿手机拍照片发朋友圈。他们说不清究竟是谁影响了谁，不知何时养成了"晒晒晒"的习惯。吃饭要晒，买东西要晒，逛街要晒，旅游要晒，读书要晒，晒成了日常生活的最重要任务。有时候，他们也会觉得这样做很无聊、很空虚，但习惯了被评论、被点赞，就再也放不下那种满足感，只能绞尽脑汁继续晒。

人性有炫耀的一面，有时候，我们很难忍住晒一下、炫一下的冲动。打扮一新，想要被他人赞美；取得成绩，想要被人羡慕；买到了少见的东西，想要分享……这都是人的正常心态。但是，如果一个人频繁地炫耀，就不再是正常的表现欲，而透露了此人内心的虚荣。因为需要存在感，因为想要得到他人注目，才不断地用这种最直接的方法来表达。

谁都知道，那些整日晒来晒去的人，一定是虚荣的人。但人们并不会因为虚荣而远离一个人，一来认为虚荣是个人选择；二来认为这种疏远理由未免显得自己心存忌妒。所以，每个人都会有几个虚荣的朋友，他们虽然让自己不太舒服，但"那是别人的生活方式，我管我自己就行了"。

可是，和一个虚荣的人在一起，真的对我们没有影响吗？影响大着呢！当一个人总是在你身边炫耀的时候，你难免有不服气的心理。当你开始攀比的时候，你的虚荣心也被调动起来，你开始想要证明自己过得并不比别人差，你也开始有意无意地显摆自己生活里的最好的那一部分，你也开始享受被点赞、被羡慕的快感。

起初，你会认为："这有什么？我只是分享一下自己的生活。"很快，分享就成了任务，你会想要拍一张比上一次更漂亮的照片，于是开始研究角度和造型；你会想要拍一桌比上一餐更豪华的饭菜，于是去了并没有多大兴趣的日料馆；你会特意参加某些活动，只为拍一张有场地背景的照片。你安慰自己说，你在享受生活。其实，你已经成了一个演员，为了让别人观看你的生活，不停地赶场。

醒醒吧。当你看到朋友圈里的那些照片，你真的会由衷地赞美、十分地羡慕、特别地眼红吗？你只是出于礼貌评论一句，顺手点个赞。你如此，别人对你也一样，你们想的不过是下次一定要拍出更好的照片。这种虚荣的气氛充斥着朋友圈，你若是继续在此浪费时间，真是没救了！

至于那些晒晒晒、买买买、烦烦烦，整天发这些状态的人，其精神状态可见一斑，好好想一想，你和他们究竟能有多少共同语言呢？

你的朋友圈是一种怎样的存在？

是时候清理一下你的朋友圈了，让自己的心灵有一个清净的地方，让自己的社交软件真的发挥它的作用，让友谊不变质，心情不变差，时间不被浪费。

清理朋友圈分三步。

对广告说"NO"

有人说如今是全民微商的时代，人人都想通过卖点东西来赚点外快。那些在朋友圈不停发广告、不停求转发的人，把老同学、老朋友全都当成潜在客户，即使与他们不熟，他们也会很不见外地加上你。更不要说你根本不认识的人，通过各种方法得到了你的社交账户，整天对你进行各种广告轰炸。有时候，你还真被他们那诱人的广告词忽悠，花了不该花的钱。

网络商家这么多，你完全可以选择最信得着的旗舰店，何必非要和一些许久不联系的"熟人"交易？买贵了，你觉得他们杀熟；和他们讲价，担心他们说你小气；买便宜了，你对他们的货物也不是很有底。这不是自己找不愉快吗？更有那些满天飞的三无产品，广告做得有多好，效果就有多差，你放心吗？真正的好东西靠的是口碑，不是在微信里自吹自擂，明白这一点，你就应该将朋友圈发广告的人统统拉黑，你会发现你的钱包和生活一下子有了安全保障。

"毒物"大扫除

有一类人很有思想，当他们有交流需要的时候，他们会仔细斟酌用词，仔细选择图片，然后发一条有质量的朋友圈状态，让看的人有所收获，又愿意聊聊自己的感想。这样的人拉高了朋友圈的档次，不论你喜不喜欢这个人，一定要保留他的联络方式。他的语言、兴趣、状态，都可能在某个时刻给你有益的启迪。

可惜，这样的人不多，大多数人说的永远是空谈，转的全都是废话。当你看到"记住这30条名言改变你的一生""女人一定要懂的男人的15种心思""常吃这些食物抗癌防老又美容"等题目，不用说，屏蔽吧，一个人的阅读能够反映他的生活，你希望自己的生活也被这些东西充斥吗？

特别是那些容易散发负能量的人，一定不要看他们的抱怨，尽量把这样的人屏蔽在你的生活之外。你的心灵和头脑应该容纳让自己充实的东西。

友谊的小船，只载真心人

现在，将还剩下的朋友分一分类吧。

阿南最近刚刚跳槽，过去5年，她在一个小公司工作，每天都很繁忙，加班加点赚不来多少钱，以致她经常怀疑人生。好在阿南做什么事都认真，慢慢也有了一些名气。去年年底她被猎头公司看中，她将手头的工作完成后，趁着春暖花开，跳到一个业内有名的公司。

刚刚习惯新公司的生活，阿南却开始郁闷。为什么郁闷？她感觉自己一不小心成了红人，许久没有联系的小学同学、中学同学、大学同学像是商量好了，排着队加她的微信。过去相处不来的同事也来套近乎，就连以前经常挑刺的上司也不止一次邀她吃饭。阿南心里甭提多郁闷。偏偏阿南有点"逆来顺受"，别人畅谈几句革命友情、峥嵘岁月，她也跟着热血沸腾、推心置腹起来。

以前，阿南没什么社交活动，现在，招呼她出去吃饭的人明显增多。她一面有点抗拒，一面又忍不住兴奋。一天，她与几个老同学推杯换盏一番，老同学纷纷跟她打听她的新公司是否缺人手，她实话实说："公司最近没有招人的打算。"有的同学不太高兴，说："所以才让你帮忙打听打听，咱们是老朋友，你帮帮忙，给推荐一下？"

阿南觉得挺委屈，她自己进新公司还不到3个月，脚跟还没站稳，去哪里找推荐的门路？既然是老朋友，为什么不能先想想她的处境？一顿饭后，阿南听说对方还在背后抱怨她推三阻四不肯帮忙。阿南越想越气，她为什么要跟这样的势利小人谈交情？打开手机，阿南直接将此人拉黑，顺便屏蔽了一大串没事攀交情的"老相识"。

世界终于清静了，阿南打开电脑，研究起最新的企划。这才是她的生活！

朋友圈里很热闹，但我们要分清什么是真情，什么假意，记住谁在你困难的时候愿意提供帮助，谁在你得意的时候赶来逢迎，这决定着你是别人心目中的朋友，还是踏脚石。和势利的人无须深交，保持共事的礼貌，不要沾染他们的"唯利益论"思维，你的生活才能被真正的感情包围。

人无完人，我们的朋友自然有各种各样的缺点，有时还会让我们觉得麻烦，但友谊就是取长补短、互相迁就，当我们的心灵需要支撑和倾诉，朋友就是我们的港湾，和朋友在一起，学习、交流、娱乐、相互依靠，都是我们的安慰。不论朋友个性、身份、年龄、境遇如何，那些能让我们安心的人，应该永远珍惜。

静下心来仔细鉴别，留住那些真正的朋友，告别那些虚伪的情谊，你才能更好地享受友情的温馨，更接近生命的意义。

Chapter 4 / 时间是最值钱的资本，
不虚度光阴，才不枉此生

人生匆匆数十载，时间是最值钱的资本，千万别轻视它，更别浪费它，请有意识地珍惜每一分钟。用"分"来量化时间的人，比用"时"来量化时间的人，时间多 59 倍。当你能在有限的时光里，做些有意义的事，你将赢得时间能够给予的一切，包括未来。

01/ 你的时间都去哪儿了

有一阵子，大街小巷都放着一首歌《时间都到哪儿去了》，歌曲里年老的爸爸妈妈，让为人儿女的青年深有感触：人们不由自主地想到自己有一天也会老，不，是每个人都在变老。

察觉到的人难免有压力，追着时间的脚步开始奔跑，害怕在自己不注意的时候，被时间扔得远远的；大多数的人并没有察觉到这一点，他们享受年轻的欢乐，享受休闲，享受娱乐，直到有一天他们突然发现自己的身体大不如前，精神头不足，注意力下降，创造力衰退，甚至看到了镜中的白发，此时他们才终于喃喃自问："时间都到哪儿去了？"而那些早就注意到时间残酷的聪明人，早已远远走在他们前面，成为令人羡慕的成功者。

对时间的态度，决定了一个人一生的走向。

年轻的时候，人们总是觉得时间用不完，一天过完又有一天，仿佛取之不尽。可是，我们的"一天"，真的有那么充足吗？去掉8小时标准睡眠时间，去掉三餐时间，去掉上下班交通时间，剩下的不过是不到12小时的工作、娱乐、学习时间，多数人觉得自己的时间利用率并不高，明明忙了一天，却发现工作也没完成，学习也没进度，娱乐更是不尽兴。

于是，想工作的时候抱怨自己学得不够导致效率低；想学习的时候抱怨自己工作太重导致没时间进修；想娱乐的时候又不得不担心工作，抱怨工作、学习给自己带来了太多的压力……很多人陷入这样的恶性循环之中无法自拔，他们天天说："没时间！没时间！"但他们很少仔细想想，为什么同样的时间，有些人却可以工作、学习、娱乐都不耽误，还能发展业余爱好，参加竞赛获得证书。

与其问"他们的时间哪儿来的"，不如问"我的时间哪儿去了"。

卢卢出了地铁，随手在车站边买了盒饭和烤串拎回家。她的家离地铁只有5分钟步行距离，当初，她特意用贵一些的价格租了靠车站的房子，为的就是多节省一点时间，让自己能够多休息、多充电，不必在交通上花费太多时间。

想法是好的，但随着工作的稳定，卢卢也不再整天想着在业余时间看会计书，她对着账单报表一整天，头晕眼花，回到家，只想找点娱乐项目。她一直玩一个热门网游，今天游戏中的公会有任务，谁也不能迟到。打开电脑，她熟稔地进入操作页面，赶到集合地点。

这一个副本足足用了3个小时才刷完，其间卢卢根本没起身，等到好友们陆续下线，她才回过神，发现窗外一片漆黑，一看时间，快到11点了！她腰酸背痛地站了起来。

其实，每次打完游戏，卢卢都觉得空虚，还有一种浪费大量时间的愧疚感。可是，每一次她都忍不住上线，她总对自己说，"至少要升到××级，不然白玩了""至少过段时间再走，不然对不起公会的朋友""至少把小号也练到××水平，不然不甘心"……于是，她每天回家的第一件事依然是打开电脑，进入游戏。一入游戏深似海，从此时间是路人。

起初，卢卢认为适当打游戏能够放松身心，让她在疲惫工作之余享受一下"快意江湖"的乐趣，享受一下不必太费脑子的成就感，享受与志同道合的游戏者交流的快乐。如今，游戏已经占据了她大量的休息时间，她不得不重新考虑这个活动的得失，即使明白打游戏得不偿失，她也不知道怎么去改变沉迷游戏的现状。她曾和几个"游友"交流过，他们中有学生、有白领、有淘宝店主，他们都和卢卢有相同的感受……

时间都到哪儿去了？每个人心里都有一笔账，他们不是不知道把时间用到了哪里，而是当他们发现时间并没有换来相应的收获时，觉得难以置信，觉得惶恐，觉得悔恨。

假设有8个小时，用在工作上，可以换来一天的工资；用在学习某种技能上，可以得到某个知识点，或者实践某个错误点；用在阅读上，可以读完一本好书；用在陪伴家人上，可以享受一个轻松的假日；哪怕用在睡觉上，也可以保证第二天的神清气爽。

同样是8小时，用在打游戏上，也许能打完一个副本得到一个装备；用在K歌上，也许能让你得到"麦霸"的美誉；用在逛街上，也许能让你得到购物的些许快乐；用在聊天上，也许能让你发泄一下情绪……但是，你得到的所有东西几乎都是无用的，甚至还要花费额外的金钱和精力，你会发现付出和所得完全不成正比，两相权衡，你不得不感叹，时间被"谋杀"了！

来看看最新出炉的时间杀手排行榜吧。随着网络深入生活，微博、微信等工具已经稳稳占据了排行榜首，网络游戏与之不相上下，也就是说，大多数人的时间都浪费在这些所谓的"网络社交"和"自我娱乐"软件上。其余如看电视、逛街等也占有一定比重，在消费时代，网络运营商和各路商人铆足力气吸引人们的注意，为的就是提供娱乐、促进消费，人们就在娱乐陷阱中无法自拔地沉迷下去。

对应这份杀手排行榜，检讨一下自己的生活，看看"杀手"们是不是就潜伏在你的电脑里、手机里？如何判断它们是否干涉了你的生活？很简单，你的工作有没有被娱乐影响？过度娱乐会占用人们休息、锻炼的时间，一定会影响到人的注意力和精力。

每个人都有一定的娱乐时间，这是正常合理的，在这个时间范围内，不论你聊天、游戏、闲逛或网购，都没有任何问题。一旦你的娱乐超过这个时间，用锻炼身体的半小时去升级打怪，用细嚼慢咽吃晚饭的半小时去聊天吐槽，晚睡半小时在网上看水贴……当这些行为占用了你的正常作息时间，它们就是时间杀手，它们会逐步控制你，让你形成习惯，让你逐渐减少锻炼时间、休息时间、睡眠时间、真正的娱乐时间，甚至工作时间，让你一事无成。

每个人都要警惕时间杀手对生活中悄无声息的袭击；

每个人都要经常留意自己是否在不经意间养成浪费杀时间的不良习惯；

每个人都要知道，真正的时间杀手，不是别人，而是没有自制力的自己。

02/ "21天不玩手机"，你能做到吗

早上起来，你的第一个动作是什么？

睁开眼睛，还是移动手臂，在身侧摸索手机？

晚上睡觉，你的最后一个动作是什么？

闭上眼睛，还是握着手机不肯放，想着上面的信息？

乘坐交通工具，你最常做的事是什么？

听音乐，闭目养神，放空身体什么也不想，还是低着头，不眨眼地看着手机？

吃饭的时候，你的手机放在什么位置？

包里，房间里，还是就在饭桌上，时不时要拿起来瞅一眼再放下？有时还要拍拍拍？

出去旅游，你最离不开的是什么？

是美丽的风景吗？不，你离不开手机，你不是在拍照片，就是在和朋友闲聊分享，恨不得把自己的所有行程记录在手机上……

你的生活最离不开的是什么？恐怕不是吃饭睡觉，不是事业理想，不是亲情友情，而是这忘不了、放不下、随时随地都惦记的手机。

你已经被手机绑架了！这不是危言耸听。

"我不是被手机绑架，而是生活根本离不开手机！"

A先生有理有据地反驳："现在，哪个行业的工作者离得开手机？手机里有你的银行，你的订单，你的合作者，你的文件，你的资料，你的移动办公软件，你的老板的指令，你的下属的汇报，你的行程，你的车票，你的地图，你的人际圈，你的父母，你的爱人，你的孩子，你的孩子的老师——你说，人怎么能离得开手机？"

B小姐情真意切地驳斥："难道你能想象一个没有手机的人的生活？现在人们都在微信上交流，你不知道大家在谈什么，不知道最近的热点是什么不知道朋友圈最火的文章是什么，不知道老同学的近况还好，不知道上司的状态，你还想不想好好工作了？不是我们非要拿着手机，而是大家都拿着手机，难道我要当隐者？"

C同学言之凿凿地论述："存在即合理，在高科技时代，手机生活就是潮流！连手机都不会用的人还是现代人吗？手机软件给我们的生活提供了多大的便利？就拿我来说，我起床靠手机闹钟，背单词用手机软件，开车用手机导航，走夜路照明用手机软件，买衣服用手机购物，想做菜打开手机菜单营养又快捷，想休息就打个手机游戏放松身心，想跟同学联系只需要打个表情问候一声——手机替我们节约了多少时间！为什么说我们被手机绑架？手机是工具，人人都能使用，人人都能获益，我们应该感谢手机！"

的确，手机提供的便利改变了我们的生活，善于利用手机的功能，能够最大限度地节约时间、提高效率、调整生活状态，我们的确应该感谢科技带来的一切。可是，这只是理想化状态，并不是每个人都能合理地利用手机，把手机当作生活的辅助工具，事实上，不少人把手机当成了生活的重心，日常生活就是围着手机转。

在公车、地铁、火车上，看吧，所有人都在低头玩手机，有几个人正用手机谈公事？大多数人正在刷网页、看微博、玩游戏、读快餐小说、聊天。他们会立刻反驳说，这是为了"打发时间"，时间那么宝贵，是用来"打发"的吗？

有人做过社会调查，发现很多人的生活离不开手机，离开手机3小时已是极限，一旦摸不到手机，就会没来由地心慌，认为有什么事没做好，认为自己错过了重要消息，认为自己耽误了游戏进度，认为自己冷落了朋友……总之，他们会找很多借口来证明自己必须看一眼手机，当然，有第一眼就会有第二眼、第三眼。

　　过度沉迷手机的危害，已经不是什么新鲜新闻，溜号、发呆、精神状态差，不能集中精力，这已经不算大事，有些人开车聊手机，走路看手机，工作时也想着手机，他们有的伤害了别人，有的耽误了自己，有的被人乘虚而入损失了钱财甚至更多。

　　手机控和手机综合征相伴而生，心理上的成瘾很难戒掉，约会时看手机，吃饭时看手机，开会时看手机，这些行为极大地影响着他人的观感，让人觉得此人不专心、不礼貌，素质和教养都有问题。手机对身体的伤害更加明显，长时间做低头族，颈椎损伤，视力下降，健康受损，这些都是"手机后遗症"。

　　在没看到特别明显的后遗症之前，人们总是自信满满，认为自己只是"玩一会儿""看一下""我心里有数"，然后又在不知不觉中把时间、精力与健康消耗在手机上。人不能过于高估自己的自制力，圣人尚且"吾日三省吾身"，何况我们只是面对种种诱惑的凡人？想要节约生命，先要重新审视一下时间的一大敌人：那个时不时绑架我们的手机。

　　针对手机，一所高校发起了"21天不玩手机"活动，参与者戴上写着警示语的手环，竭力克制玩手机的冲动，持续21天。很多人坚持不到3天，坚持下来的人认为这种活动大有意义，而且，他们切身感受到远离手机带来的生活更有意义。

　　21天可以养成一个新习惯，试着21天不玩手机，做个"抬头族"，你会发现离开手机，没有你想象的那么难受，反而给你带来不少契机。记住，手机只应该是一个工具，不应该是生活的全部。

03/ 娱乐的是时间，荒废的是自己

我在大二那年就在"校园潮人"大赛中取得亚军，现在还留着当时的获奖照片——年轻的我穿着时髦，顶着那个年代流行的漂染发色，抱着自己绘制图案的滑板，笑得很张扬，也很开心。我一直是一个爱玩的人，什么都想去试试，什么都想学一学，也一直是朋友眼中的"达人"，似乎什么都会，什么都玩过。

直到最近一次同学聚会，看到从前的同学们事业有成，而我还是游戏公司一个高不成低不就的小设计师，我才不得不问自己："是不是玩过头了？"

这是一个全民娱乐的时代，我们每天都有无数种娱乐选择，你有一部手机，就有几千种手游供你下载，几万个团购供你消费，几十万的商家为你服务……总之，只要你愿意花时间、花钱，你有太多消磨时间的方法，让你不会觉得没事儿做，让你觉得自己很充实，日子很有趣，一天比一天过得快，一点也不无聊。

我就是一个娱乐沉迷者，大学时代爱玩，纯粹是因为年轻，高考前玩乐之心被压着，上了大学一股脑儿释放出来。后来，"玩"就成了一种需要，别人说我是个"会玩的人"，我就想要玩出花样，玩出水平，让别人羡慕我的轻松、创意和潇洒。后来我发现这些没有意义，因为没有哪个公司看中你会玩，人们只看真才实学。

工作后的我把"玩"作为逃避现实的一种手段，被上司批评了，工作遇到挫折了，生活有压力了，失恋了心情不好了，我就疯玩一通，自欺欺人地说自己只是想发泄一下情绪。其实我知道自己是在逃避，因为解决不了问题或者害怕解决问题，我就在暂时的发泄中逃

避着。

"我也想过戒掉这些玩的东西，趁着还算年轻，多学一点有用的知识，不然就真的晚了。我下过很多次决心，每次受到挫折，就重新躲回游戏里，游戏里好啊，不用花太多心思就能让人羡慕你。我知道这样不行，我最近又下定决心，把手机上的游戏都删了，网游也删号了，以前一起玩的朋友也不联系了，最近我报了日语班，恶补一下，争取公司年底的那个出国学习机会，希望这一次我能坚持到底。再不坚持，就真的晚了。"

以上是在游戏公司打工的设计师年初留在微博上的"自白书"。令人高兴的是，他大半年没有再出现，只在年底发了一条庆贺微博，说自己取得了出国公干的名额，正在打包行李，准备去日本。"不求自己当榜样，只希望能给还在浪费时间的人一点启示，我可以，你们也一样。"

这份半是忏悔半是分析的"自白书"说得很中肯。每个人都在寻找存在感，在生活中找不到存在感的人，尤其喜欢把精力放在虚幻的空间，模拟出个人价值，享受被关注、被羡慕、被追随的快感，这种快感很容易让人沉迷，于是，很多人把真正的生活放到一边，转而追求网络上的关注率，不用说，他们的生活质量越来越差。

逃避是人的本能，当人们遇到难以解决的困难或伤害时，出于自保，会逃离到安全的地区。不过，逃有很多种，有些人取得喘息时间，会痛定思痛，思考如何克服困难，他们会抓紧时间磨练自己，制定策略，观察敌情，以期下一次大获全胜；有些人恰恰相反，他们恨不得一辈子都不再遭遇这种"倒霉事"，一味地逃避——一辈子很长，下次，他们碰到更倒霉的事，只能继续躲、继续逃，直到被现实打得毫无招架之力。

而娱乐给人提供的不但是一个暂时的避风港，还是一个满足虚荣心的幻想空间，这里不但安全，还能让人"步步高升"，只要按部就班地做某些事，就能得到某些成就——这简直太理想了，没有风险，无须创意，伤害和困难都可以预期，还能得到满足感，那些在现实生活中遇到挫折的人，怎能不喜欢这样一个地方？

可是，生活就是这样，你越是逃避，它越是一团糟，谁也不可能一辈子躲在娱乐里。就算你有足够的金钱、足够的时间，终有一天你还是会发现，娱乐来娱乐去，就是那么回事，你根本什么也没有得到。这时候才开始后悔，有这样的时间，还不如去工作、去本书、去交个真正的朋友或谈一场恋爱。过分注重虚幻空间的人，一定会损害到实际生活。这个时候，你需要的不是自白，不是忏悔，而是马上改正，切断你与虚幻世界的一切关系。

不能认清现实、脚踏实地的人，永远不会有成就。

需要补充的是，的确有一种人样样精通，既能在生活中如鱼得水，又能在虚幻空间里成为"风云人物"，但这种人并不多。其实，生活里兼具智商和情商，能够把握自己事业的人，哪里会差呢？他们中的大多数人务实，不会在虚幻的空间中抛掷太多的精力。而一小部分人，只把虚幻空间当作娱乐场所，不会花费气力。所以，连生活都顾不好的人，还是别幻想"两者兼得"，先经营自己的人生，打下牢固的基础，再想着如何锦上添花吧。否则，一切虚幻的成就都是一场空，只能留下悔恨。

04/ 不能游戏人生，否则一事无成

对新一代年轻人来说，娱乐的方式变得多元，尤其是当下大量的年轻人更喜欢沉迷于游戏。

下面，我们来评选沉迷游戏的八大借口。

我想放松一下

这是最基本、最经典、最让人无从反驳的借口。现代社会生活节奏快，人的心理压力大，很容易产生疲惫感，想要给麻木的大脑和紧绷的神经找一个舒缓的空间，是每个人的心愿，也能得到其他人的理解。"放松一下"不但是每一个疲劳的人的权利，更是现代人应该做的，必须做的。劳累过后，打打游戏、聊聊天，放松一下周身神经，在虚拟世界里做上半小时的白日梦，取得一点惊喜的小成绩，既休息了身心还让心情变好，何乐而不为？

事情本来应该是这样的。可是，有多少人玩游戏能达到"放松一下"的目的？大多数人都陷入了升级、充钱、刷副本、做任务的无限循环之中。游戏不能让人放松，而是让人费时费力费钱，让人更累，它还值得"玩"吗？影响了正常生活的游戏，还是游戏吗？这样的放松，还不如去睡觉呢！

玩游戏能够锻炼脑力

不可否认，有些游戏的确可以锻炼脑力，有些脑部疾病的辅助治疗里就有游戏项目。但是，要注意，市面上的大多数游戏没有这个功能！就算有这个功能，当你长年累月、不眠不休地玩的时候，它也变成了禁锢脑力、僵化思维的电子程式。比如，大家都知道数独游戏可以活跃人的思维，但有几个人通过玩数独玩成数学家？扑克牌也考验人的脑力，玩多了就不是智力比拼，是赌博！

说得更明白一点，如果你真的有脑力，为什么不去玩更需要脑力的东西？是玩不来吗？用打游戏来锻炼，不论锻炼脑力、注意力、体力、控制力，别管什么力，都是胡扯。游戏只会让你丧失自制力，失去集中力，消耗体力，磨损脑力，降低免疫力——这些"力"，都要靠锻炼、阅读、学习、实践来提升。而这些事，和游戏没有一点关系。

没什么事做的时候才玩

这也是一个经典借口，说自己"没事才玩"，代表此人知道游戏的危害，但又克制不住，因此找一个体面的借口来掩饰，其核心是害怕别人看穿自己的"玩物丧志"。他们说得轻松，但仔细一想，这句话纯属多余，一个对生活有规划的人，不太容易"没什么事做"，更不会因为打个游戏而对别人解释一番。

这种解释有时是沉迷游戏的一个前兆，需要警惕。想要轻松一下，打打游戏没什么不好。但"没什么事"的时候，明明可以找到更有意义的事，一定要花费大量时间打游戏吗？当你为一件事找借口的时候，说明你已经离不开这件事了！趁着自己尚有理智，赶快离容易上瘾的东西远一些！

玩游戏能赚钱

电竞队的兴起，让人们在玩游戏的时候多了一个有力借口，玩游戏可以赚钱！电竞可以当作事业！是的，的确有不少人靠电竞成名，有了荣誉，有了金钱，有了粉丝，可是，有多少人真的能靠游戏赚钱？你知道游戏赚钱的辛苦吗？每天都不停地刷游戏，废寝忘食，不顾健康，你真的能把游戏当作一项事业吗？

绝大多数人都知道，无论技术还是时间，以自己的条件，无法靠游戏生存下去。那么，就不要说自己玩游戏能赚钱，那只会让你更加心安理得地搭上更多时间和金钱。有本职工作和学业的人，还是应该以自己的正业为主，游戏赚钱的道路并不好走。

玩游戏能交到很多朋友

很多人玩游戏是因为网络上的朋友，享受彼此陪伴、一起成长的快乐，有时候明明对一个游戏没什么兴趣了，因为这些朋友在，仍然偶尔上去看一看。这种经历是非常值得珍惜的。不过，很多人本末倒置，偏要说自己不是在玩游戏，是为了交朋友增长阅历，这就让人不得不感叹，现实的朋友还没交明白，虚幻的朋友究竟能带给你什么？

网络是一个虚幻的世界，最大限度缩小了缺点、放大了优点，一个个片面的人满足了我们对理想朋友甚至知心爱人的想象，于是，打游戏打得更加起劲。可是，那终究是虚幻的东西，当你关上电脑，你要面对的仍然是现实中的人，当你生病，帮你打水买药、陪你去医院的人，可能是你平时看不惯的同学，可能是和你闹过矛盾的同事，这才是真正的生活。一个成熟的人首先应该经营好身边的感情，再去更大的网络世界里结识不一样的人，而不是反过来。

游戏能给平凡的生活带来惊喜和刺激，是不一样的生活

生活在大多数时候很平凡，缺少惊喜和刺激。于是人们在游戏里当大侠、当骑士、当国王，享受功成名就的快乐。游戏运营商也尽可能提供充满想象力的平台，让玩家们今天在一片荒芜的原野上建立城堡，明天在肃杀的江湖中追击刺客，后天又能在甜美的田园景色里享受柔情……换言之，游戏为人们提供做白日梦的机会。

谁不知道白日梦的危害呢？总做白日梦，会渐渐混淆现实和梦

境的区别，变得患得患失、逃避、怯懦，自负又自卑，丧失行动力，丧失理想，最终一无所成。游戏是白日梦的温床，虚幻的成就满足了人们想要得到承认的心理。但是，所谓的惊喜和刺激，不过是现实生活中体会不到的事物。试想，一个经常面对挑战的人，生活里怎么会缺少刺激？而一个甘于平庸的人，生活里怎么可能出现那么多惊喜？游戏里，你体会的不是不一样的生活，而是不一样的游戏，和生活无关。

玩游戏能够陶冶情操

这恐怕是最高尚也是最虚无缥缈的借口。偏偏宣传者有不少理由，游戏的美工好可以提高人对美的感受力；游戏的情节好能够提高人的反应能力；游戏里的团队能够让人学习为人处世；游戏的音乐可以提高人的音乐素养……更可怕的是，有些玩家竟然信以为真。

可是，倘若你真的用相同的时间去鉴赏名画、品味音乐、参加运动、结识朋友，得到的东西恐怕更多、更有用吧？这些在生活中能够轻易做到的，为什么一定要去游戏里找？游戏就是游戏，它给人以轻松的享受，但绝对不能用它代替需要付出辛苦的那些学习和修养的过程，真想当一个具备高尚情操和有优良生活品质的人，恐怕先要远离游戏才好。

玩游戏让我更积极地面对生活

不可否认，各种游戏已经成为很多人生活中的一部分，也的确有人在游戏中得到了享受、得到了学习；在游戏的闯关设计中得到了关于生活的提示；在游戏中的朋友们的鼓励下得到了勇气。但能够得到这些的人，恰恰是那种把生活和游戏区分得很清楚，以生活为主的人。而那些沉迷游戏的人，他们不但不能积极地面对生活，反而把游戏当作逃避场所，恨不得躲在游戏里再不接触生活。

　　同样的游戏，为什么有时是有益的工具，有时却能害人？关键还要看玩家的自制力和对游戏的认识。"游戏让我懂得了生活"和"为了懂得生活我要打游戏"有本质区别。当一个人把游戏当作生活的附属娱乐，他往往能在游戏中得到轻松；当一个人的游戏占用了生活时间，他就会被游戏拖累；当一个人用游戏代替生活，完全沉迷其中，他已经到了危险边缘，再不醒悟，生活会变得混乱。

　　小付今年读研一，他的学业比较顺利，成绩中等偏上，生活四平八稳。他是一个游戏爱好者，每天要用大量的时间玩各种手机游戏。看到有什么新游戏，总要下载试一下，不合意就删掉。人们问为什么总在玩游戏，他说："没什么事做，不想让手闲着。"如果继续问学业忙不忙，他会说："功课挺紧的，但我不太感兴趣，还是想打游戏。"

　　小付并不是不知道时间的重要，他也想过戒掉手机游戏，做一些更有意义的事。可是该做什么呢？他始终没想好。所以，他继续玩着他的游戏，应付着功课，浪费着时间，每当有人试图提醒他，他还是那句"我不太感兴趣"。如果问他："你只对游戏有兴趣吗？"他会说："对游戏也没兴趣，但总比闲着好。"

　　从小付的态度上，看得出似乎游戏对他并没有什么影响，只是一种课外娱乐，但是，一个学年结束后，他的同学有些得到了出国留学的机会，有些得到了导师的课题推荐，有些已经准备提前毕业，而他还在不紧不慢地打着游戏，那些本来可能属于他的机会，就这样被他错过，再也回不来了。

　　游戏当然不全是坏处，但凡事有限度，过了限度，就会玩物丧志。游戏，终究不是大多数人的事业，玩玩即可，不可沉迷。

　　小付为了"不让手闲着"而玩一些游戏，他看似并不上瘾，随时都能放下，其实这些游戏已经成了他生活中的一部分，甚至一种寄托，寄托他无聊而空虚的心灵。他看似没有耽误正事，却在不知不觉中消磨着青春；他本应该做得更好、走得更远，却在日复一日的疲软中成了碌碌无为的人。

　　如果你还是执迷不悟，可以肯定，你不是在玩游戏，你被游戏玩了。

　　及时认识到这种状况，你就要下定决心根除这种沉迷。首先，给自己找个目标，人的生活总要有个目标，不然就会落入空虚。空虚的人自然就要娱乐，越娱乐越空虚，于是更加离不开娱乐，陷入不良循环，不得脱身。有了目标，即使戒断途中难免出现怠惰，还可以用既定目标激励自己。

05/ 自制力就是你的 "中流砥柱"

通常，浪费时间的人，最缺少什么？自制力！

少数人立长志，多数人常立志。在二十几岁还沉溺于虚拟游戏的人，十有八九是常立志型的，没有人愿意相信他们的决心，那些美好的计划、激昂的口号，都只是说说而已。所以，要从根本上认识到决心的重要性。这个时候不要再想着对自己好一点了，快对自己狠一点吧！

但凡下定决心却不能执行到位的人，原因只有一个——决心还不够坚定。真想戒掉一件事，一定要在源头处戒断，而不是嘴上说说、心里想想。像游戏这类有形爱好，只要能远离电脑、远离手机，很快就能从心理上戒掉。

小张是一个游戏迷，在游戏中，他也算个人物，粉丝不少，兄弟众多，经常被人 "大神" "大神" 地叫，他难免飘飘然。大三那年，他回过神来，发现自己在游戏上花费的时间太多，眼看身边的同学考研的考研，实习的实习，他的成绩还在及格线上晃悠，就连英语四级都没过，他终于醒悟过来。再高的游戏级别也换不来毕业证，再好的游戏装备也换不来好工作，他还做什么 "大侠"，赶快去图书馆自习吧！

小张总想要戒掉游戏，有一次还真坚持了半个月，他认为自己 "略有小成"，就去 "放松一下"，这一放松，又让他找回了 "笑傲江湖" 的快感，又开始天天泡在游戏中。每当他想要戒掉，总会想到 "公会还有个重要任务" "我那个装备就差一块石头" "兄弟给我打电话催我" 等原因，他总是戒不掉。

这一次，小张请自己的女朋友小雨代为监督。小雨对男友沉迷游戏早已深恶痛绝，恨不得他从此改邪归正成为有志青年，至少也要把英语四级过了！她再三问小张："你真的要戒？你确定要我帮忙？"小张郑重地说："只要能戒掉，你做什么都行！"

隔天小张就后悔了，小雨太狠，把他的装备都卖了，把他的好友全删了，还写了"江湖不见"的告别书，说自己"金盆洗手"，今后要以学业为主，不再踏进服务器一步，请江湖朋友们做证！那些装备不知花了小张多少时间才弄来，他在电脑前差点哭了。更惨的是，小雨不了解行情，全部以"跳楼价"甩卖，简直让小张血本无归！但有什么办法呢？话是自己说的，他总不能和小雨分手吧？

当晚，小张无可奈何地去了图书馆，和小雨一起上自习。他不可避免地想到了自己今晚本来要和人组队刷一个副本，又想到自己的装备全没了，还刷什么副本，去了也是被副本刷。这样一想，他也就定了心。一连几个晚上，小张反反复复被折磨着，时间长了，他也就忘了江湖旧事，专心背那些他不太熟悉的英语单词。半个月后，他又忍不住想上一下自己的号，发现小雨把他的密码改了，他根本上不去。这一次，他彻底死了心。

一年后，小张不但顺利通过了英语四级考试，还找到了不错的实习单位，因为有干劲又用心，带他的领导已经透露了将他转正的意思，不过在此之前，他还要拿到一个资格证书。现在的小张根本不惧怕考试，立刻买好教材叫着小雨去图书馆。如今他倒是可以不时去游戏上溜达一圈，但他再也不会用大量时间打游戏，他依然是江湖上的传说——一个励志传说。

你也许听说过有一种专门的学校，治疗上网上瘾的少年，这些学校的基本做法也不神秘，就是让学生远离网络。先让眼睛、手、身体离开网络，再逐步让心思回到正常生活中。自制力差的少年容易上瘾，一个成年人理应靠自己的克制力，远离成瘾症状。通过自我矫正，找回正常的生活状态。

　　所以，不论让你着迷上瘾的东西是什么，当你想戒掉它，你最应该做的事就是远离，能离多远离多远，千万不要把它放在身边挑战自制力，你的自制力没那么伟大。同时，应该找其他事物分散注意力。专注某一工作或学业，并制定具体目标时，人的注意力很容易集中起来。总之，让自己忙碌起来，一切都会变好。

　　人难免有空虚心态和迷茫状态，做点有意义的事，才能走出迷雾。千里之行，始于足下，不论你想做什么，必须马上去做，哪怕只迈最微小的一步，也是进步。不要等待所谓的时机，时机只给准备好的人，你现在就要去做准备。总之，如果你不满意沉迷于某种事物的自己，今天就应该努力生活。

06/ 每一段青春都是限量版

每年的毕业季，毕业生们为实习和找工作奔走，教师们殷殷嘱托："上班后千万不要浪费时间，多学点东西。"这句老生常谈的话，被小雷当作耳旁风。哪个学生不是从小就听不同的老师这么唠叨，不要浪费时间，时间最宝贵，以后后悔就晚了，等等。多数人和小雷一样，忙着自己认为重要的事，也不肯多听听教师的教诲。过了几年，在职场空耗了许多时间，学到的并不多，受的累并不少，才开始检讨自己的人生究竟出了什么样的偏差，开始回忆教师的金玉良言。

幼儿园的时候，把老师的话当作耳旁风，小学还可以努力；

小学时候不理解老师的话，中学还可以拼搏；

中学不理会老师的教诲，大学至少能懂事点，有点压力；

大学还对这样的话不甚了了，工作后受到打击，总会知道轻重；

工作了还是不懂"努力"的含义，还在空耗青春，还在原地踏步，一切就真的晚了。

这是小雷工作几年来得到的最大教训，他渐渐发现记忆力不如以前，体力不如以前，不能跟着年轻人一起加班，不能不顾及自己的身体，眼看就要有家庭，会有更多事情牵扯精力……青春那么短，很快就会过去；时间并不多，用一点少一点。

到了这个时候，小雷才开始后悔以前没有仔细听老师的话。好在，他及时止损，换了一份有挑战性又喜欢的工作，不断充电，不懂就问，终于"赶了个青春的尾巴，算是做出了点成绩"。他经常劝自己身边不够努力的朋友和同事，千万不要把大好的青春浪费，趁着年轻，尽量拼搏，不然"我们就老了"。

我们的青春很短暂，我们的时间也不多。每个人都明白这样的道理，可是多数人依然在各式各样的借口下，沉溺在所谓的休息、娱乐、享受之中，究其原因，他们对自己有一种奇怪的"纵容"，既然工作已经很累了，理应娱乐、休息一下，做一点自己喜欢的事，"人要对自己好一点"是他们的口头禅。

但他们"好"了吗？完全没有。

生活的"好"有三个阶段。

物质基础牢固是第一个阶段，有牢靠的保险和工资，能够保证正常的花销，有一笔存款保证自己不会被突来的意外打乱阵脚，再有一点闲钱投资或娱乐，这是生活的基础；

提高自己的品位和素质是第二个阶段，不断充电，培养高雅的业余爱好，交见识广博的朋友，给自己的生活增添光彩，这是生活的提升；修养自己的身心是第三个阶段，学着在浮躁的世界保持宁静的心态，与生活和谐相处，不以物喜，不以己悲，这是生活的最高境界。

这样的生活才称得上"好""很好""非常好"。

以这种标准，那些连工作都没做好却要娱乐、休息、"对自己好一点"的人，物质追求就成了一大问题，工作不专心前途也堪忧，又怎么会真的"好"？暂时的沉迷只是麻醉了自己，营造了一种轻松自在的假象，没有基础、没有后盾、没有真正的心灵承受力，一点风吹雨打，就能让现在的生活面目全非。

年轻不是懒惰的理由，更不能因为时间还够，就放任自己沉浸在虚无的满足之中，忘记了努力的重要。年轻人才最应该趁着活力充沛、斗志昂扬，去争分夺秒，去达到自己的目标。等到了中年，再想要拼搏，恐怕心有余而力不足；到了老年，更是只剩对挥霍青春的悔恨，再也没有机会重来一次。

想要对自己好一点，就要告诉自己："别玩了，别懒了，别做梦了，快点努力吧！"

07/ 将时间花费在有意义的事上

"道理我都懂，但也不能把所有的时间都用来努力吧？总要留一点个人的娱乐时间吧！"不少人说过这样的话，他们看似已经把"娱乐"当作自己不可剥夺的天赋人权，而那些劝他们节约、利用、珍惜时间的人，就好像在剥削他们一样。其实，所有的时间都是他们自己的，和别人没有任何关系，他们对时间的奇怪划分，其实是在与自己作对。

需要说明的是，没有人反对有益身心的正常娱乐，也没有人认为一天除了睡觉就是工作是一种健康的生活。娱乐、休闲、享受，这些都是生命必不可少的，我们反对的是过度娱乐、过分休闲、过多享受，那会浪费时间、消磨意志、让人止步不前。用最直白、最功利的话说：有时间做点什么不好，有时间不如去充电、去赚钱。

在日本江户时代，京都人的生活比较富足。这种富足不是家财万贯，大多数人的物质生活比较一般，但他们的精神生活却很不错，他们经常泡澡，保持身心干净，娱乐项目也多。京都的米价不贵，海里有鱼可以做菜肴，只要知道劳动，就不会挨饿。在那种情况下，邋邋遢遢出门和不工作，都是被人们笑话的事。倘若一个人挨饿，邻居们根本不会可怜他，而是对他充满鄙视。

在京都人心里，一个人必须想办法赚钱养活自己，只要动动脑筋，很容易赚到买米买菜的钱。一个男人只要沿街叫喊，问谁家需要短工、谁家需要磨米、谁家需要搬运东西，就能赚到饭钱。如果再愿意辛苦一点，学点手艺做点小买卖，就能让全家人吃饱；如果有商业头脑，去其他地方运来货物，就能赚到不少钱……那的确是一个富足的时代，人的精神永远是向上的、积极的。

这是一段离我们较远的邻国历史，常常被日本人称道。这种较为理想的城市生活的出现，固然有天时地利的历史原因，却也给我们最直接的启示——一个城市、一个民族甚至一个社会的活力，在于对生存的追求，在于对懒汉思维的摒弃。

什么是懒汉思维？很常见。能躺着就不坐着，能等着就不动，能享受就不干活，能玩就不努力，这样的人就是典型的懒汉。听着是不是很耳熟？没错，每一个过分沉溺于娱乐和享受的人，骨子里都是懒汉，除非到了"非干不可"的地步，否则，他们绝对不愿放弃手头的娱乐。

而江户时代的京都人，却恰恰相反，他们把工作赚钱放在第一位，他们并没有特别远大的理想，他们也爱娱乐，但他们知道轻重缓急，先把米钱菜钱赚到手，先把自己收拾得干干净净再出门，这就保证了生活最基本的物质条件和精神体面。而现代人出现的问题，恰恰是本末倒置，提倡"娱乐至上"。

娱乐至上，导致事业被耽误；消费至上，导致人们寅支卯粮，不断欠信用卡债务；享受至上，导致人们做一天和尚撞一天钟，缺乏事业心；个人至上，导致极端利己，缺少和谐的人际关系……越是愿意把时间花费在没有建设性的娱乐上，人生状态就越差，生活就越偏离理想。最后人们什么都没得到。

但你能抱怨什么？一切都是你自己造成的，可以选择的时候，你为什么要当一个懒汉？

理想的生活状况应该有个前提，你可以追求事业，追求理想，哪怕追求着旁人无法理解却有意义的爱好，也好过整天沉溺于虚幻的娱乐。所以，想要用心生活的人，要有这样的自觉——做什么都好，千万别浪费。

Chapter 5 / 你只有变得非常强，世界对你的限制才会逐渐放开

　　现实是无情的，竞争是残酷的，自己不努力，去哪里找未来？脆弱只会让你受尽种种折磨，卑微也不会带给你任何快乐。你必须让自己努力变得强大起来，以坚定的决心和顽强的毅力改变或突破自身劣势。当你足够强大，这个世界对你的限制才会逐渐放开。

01/ 好性格才是真优秀

美国司机丹·沃舍尔家住波士顿，他可不是一个普通的司机，他接送的都是诺贝尔奖获得者，能得到这个工作，让44岁的他十分兴奋，不亚于天上掉了馅饼。

的确，这份工作有很大的偶然成分。美国的诺贝尔获奖者非常集中，基本都住在哈佛大学或麻省理工大学附近。波士顿自美国建国就是个注重文化的城市，政府实行了一个学校访问计划，邀请这些诺奖得主定期去当地高中和学生见面，并回答他们的一些问题。这种互动有助于知识的传递和学生们的进步。这些得过诺贝尔奖的美国学者很希望能让更多的人受益，他们愉快地答应了。

丹·沃舍尔被指定为这个计划的司机，负责接送这些学者。不仅因为丹开车技术好，性格不错，还因为并没有上过大学的他，一直勤奋自学，拿到了博士学位。负责人相信这样一位司机，不会让诺奖学者们觉得无聊。丹也为这份工作兴奋不已，要知道，今后他要经常性地接触那些世界顶级的学者，可以和他们在车内相处几个小时！想想都像在做梦。

丹做好了一切准备，比如，也许这些学者眼高于顶，根本不跟他说话；也许这些学者性格古怪，很难接触；也许他们不会回答他的问题，甚至斥责他。但他不会错过这么好的机会，他尽量了解这些学者的学术成就，为的是和他们有话聊，也为了他们愿意解答他的一些疑问。要知道，得到这些大师们一句指点，也许比他看一整本书都有效。

令他惊讶的是，他担心的一切都没发生。他接送了几十位大师，几乎每个人都很谦虚，没有任何架子，甚至拒绝他称呼他们为"教授""老师"，他们会像朋友那样与丹交谈，对丹提出的疑问，也愿意尽力解答，给了他很大的帮助。丹从惊讶到习惯，最后终于明白，看来，大师之所以成为大师，和性格也有很大的关系，倘若他们也和多数普通人一样，为鸡毛蒜皮的小事计较不停，他们还有那么多时间一心研究学问吗？

性格好的人，人生会更顺利。他们的平稳避免了在人际中颠簸和损伤，他们不会为烦心事抱怨，不会因负面情绪浪费太多时间，这种性格甚至会吸引很多优秀的人与他们交流。这种性格好并不是指脾气温和，而是指心中有目标，对人宽容，不随便散发负面情绪。司机丹·沃舍尔遇到的诺奖学者们，未必没有各种性格缺点，但他们平易近人，不把自己的成就当回事，所以显得可敬。

那么，作为一个社会新人，我们需要从哪些方面入手，培养自己的好性格呢？至少要做到以下六个方面。

举止稳重

轻佻的举止会为你带来恶评，稳重的气质则让你得到信赖。尽量避免学生时代的幼稚举动，杜绝大呼小叫，尊重你的工作环境和你周围的人，时刻保持礼貌和谦虚。也许你的心智尚不成熟，但行为上的稳重可以迅速规范你的思想，让你能够融入社会。记住，欠成熟的人得不到信任，轻佻更会失去人们的尊重，在哪里都一样。

避免虚荣

年轻人是最希望受到重视的一批人，被夸奖会喜形于色，得到成绩会到处炫耀。如果没有被夸奖，还没得到成绩，也要在言谈、服装、爱好上尽量独树一帜，让人注目。这种不甘寂寞，是虚荣心的折射。旁人会客套地表示羡慕，内心的想法却恰恰想反，甚至认为他们沉不住气，成不了大事。虚荣的直接危害是让人死要面子和过度消费，长远危害则让人肤浅，易受诱惑。必须避免虚荣，在一生最好的时候，要做的是奋斗而不是炫耀。

不幻想

每天幻想着未来的一切，美好的生活，浪漫的爱情，如日中天的事业，想得多了，就会沉溺其中，变得不现实。把自己当成一个幻想中的成功者，埋怨环境埋没了自己，甚至看不起那些微小的机会，认为自己只适合做大事。越是幻想，越不肯踏实，越无可救药。认清现实，你只是一个需要奋斗的小员工，你的未来来自双手，而不是做梦。

不乱发脾气

乱发脾气的人令人头疼，仿佛全世界都有照顾他们的义务，所有人都应该顺着他们，否则就要被他的怒火波及。社会人不轻易与人争吵，对这样的以自我为中心的患者，大多容忍一下，从此躲着走，导致他们的自我感觉愈发良好。这也只是说明他们缺少做人最基本的修养和最基本的社会经验。记住，在所有不成熟的行为中，发脾气最容易引发人际矛盾。你发一次脾气，就会给人以不成熟、没礼貌、不可靠的印象，甚至还可能让人怀恨。

不狭隘

如果你进入社会还不懂求同存异，进入职场还不知退一步海阔天空，与职场中人交往还不知换位思考，那你注定要比别人交更多的学费。社会和职场充满竞争，任何人的道路都不会平坦，人与人的摩擦每天都有。如果你心胸狭隘，你的时间就会被这些摩擦占满；相反，如果你懂得宽容，你周边的气氛会非常融洽，也更容易使你获得好人缘。不要小看人缘，它不知会为你节省多少力气呢。

知错就改

犯错误可以原谅，屡次犯同样的错误不可原谅。出了错，推卸责任者让人鄙视，不总结经验者难以进步，再犯一次错误的人被人当作傻子，一口咬定自己没错、下次继续这么做的人不可救药。每一位新人都可能大错小错不断，但从错误的重复率上，就能推断出他们未来的发展。那些真正能够改正的人，犯的错越来越少，这时，他们已经通过了考验，升职的机会到了。

做到以上六点，你会有一个比较融洽的工作和生活环境，能力不断提高，人际关系很少出现紧张状况，心情也会一直平稳松弛，没有大起大落，更不会充满琐碎的抱怨。也许你还没能获得诺贝尔奖，但已经成了一位生活大师，让身边的所有人羡慕。

02/ 为什么要自卑，你可以努力变得更好

生活中，有一种人很自卑。他们不敢争取，不敢与人争执，总是安慰自己："不要计较那么多。"越是不计较，他们的姿态就越低，处境就越差，得到的尊重也越少。他们感叹旁人利用了他们，看低了他们，甚至践踏了他们，却不知道他们把自己放得太低，甚至没有预设一条底线，告知旁人不容侵犯。

自卑与懦弱相伴，在生活中，自卑的人或者不爱说话，或者只爱附和他人说话，他们很少有自己的见解，就连大家出去玩，他们也不敢提出自己的主张，只会顺着别人的意思。有人认为他们好说话，有人认为他们好欺负，他们自己并不喜欢这种状态，却也只能自我安慰，认为这样做维持了人际关系的和谐，避免了分歧。

自卑扼杀自信。特别是在工作中，自卑的人总是觉得自己什么也做不好，于是只想将就，只要应付了领导，任务质量达到及格，他们就会满足。这种将就式工作和偷懒有本质区别，其实他们很想更好地完成工作，甚至愿意付出努力，但在心理上，他们根本不相信自己能做得好，于是一丁点儿挫折就让他们退缩或放弃，所以，他们始终难以得到较好的成绩。

木木一直有很重的心事，他不知该和谁商量，父母、朋友或者心理医生？想到自己必须开口剖白自己，他就抗拒类似的交流。最近，他越来越紧张，他认为必须找个人说说。

木木是准备考研的大四学生，他想考本校的研究生，老师也比较看好他，而且，最近有一个很可爱的大三女孩向他告白。也就是说，

他面对的并不是什么危险的关键时刻，相反，他是个学业顺利、未来光明、爱情丰收的幸运儿。

他的紧张来自他的自卑。木木小时候有点结巴，每次小朋友们故意学他说话时，他都感到无地自容。上了小学后，状况大为好转，除了特别紧张的时候，他都能够正常与人交流。但自卑的感觉留了下来，他始终容易紧张，认为自己不如别人，又特别在乎别人对他的看法，也控制不好自己的情绪，让人觉得有点神经兮兮。

现在，他刚刚开始着手复习，却每天都睡不好，他害怕自己考不好，就会失去女朋友的喜爱，辜负导师的信任，他3年多的努力也会白费。越是这样想，他的进度就越慢，他甚至相信自己根本考不上研究生，跟女朋友也不会有结果，也许他的一生只能当个最普通的员工，甚至以后找不到工作……

看，这就是自卑者的日常状态，他们不但不相信自己，还不相信一切和自己有关的良好机会和美好事物。不相信，就不会努力争取，更不会尽力把握，因此他们错过各种机会，然后对自己的评价更低，更加没法培养自信。生活对他们来说是危险的、可怕的、无法把握的，他们不敢提出抗议，不敢亲自改变，不敢打破现状。

不过，如果一个人常年不敢憧憬优秀，只想维持现状，他们也只能深陷在泥潭中，过着毫无指望的生活。这种生活不是别人造成的，一切都因为他们有一颗懦弱的心。

自卑的人不敢正视自己的懦弱，一旦正视，他们就不得不面对一连串的后悔和过去的种种错误。但是，正是这种"鸵鸟心态"让他们迟迟不能改变。来者可追，正视才能改进，才能划清界限，才能打造一个新的自我。何况，哪个人没有失败过，哪个人没有后悔过？别人可以，你为什么不行？

如何才能告别懦弱？明白一切都要靠自己争取。你在意别人的眼光，就去改变自己的形象，更加努力一点，做出成绩，别人就会把你当成成功者；你在乎事情的成败，就去争取成功，不断奋斗、改进，不要放弃，顽强的意志会帮你打破困境；你渴望他人的重视，就去争取他人的理解，坦诚地说出心里话，才能交到真正的朋友。告别懦弱，需要的是行动，不再忍让，不再后退。

03/ 平庸，往往来自贫瘠的大脑

第一，对事情没有自己的想法，总想听听别人的意见。

第二，很少主动争取什么，性格被动。

第三，害怕机遇，担心自己能力不足。

第四，有兴趣没爱好，三分钟热度。

第五，言谈乏味，让人提不起交往的兴致。

第六，觉得现状很好，不想改变。

第七，不想接受再教育，没有学习观念。

第八，喜欢别人把事情安排好，自己只需要做。

第九，很少深入思考，不爱动脑。

第十，希望自己和大多数人一样，缺乏个性。

现在，请对照以上十个问题，倘若你符合5条以上，你已经初步成为一个平庸的人，一个随波逐流的人，一个缺少思想的人，一个没什么生活趣味的人。你和很多现代人一样，有工作没事业，有说法没想法，有机会没胆量，有道路没目标，有技术没创意，这一切意味着你不可避免地沦为平庸，注意，是平庸，不是平凡。

平凡的人可能没有特别的聪明才智，却有自己的目标和打算；没有很高的物质水平，却能在平淡生活中发现情趣；没有称得上谈资的人生经历，却有安稳美满的现实生活——他们看着普普通通，却有自己的快乐，并为自己骄傲。平庸的人却相反，他们根本不知道如何进取，根本不想改善自我，有些盲目自信，有些极度自卑，他们总被矛盾的情绪折磨，因此无法快乐。可见，一个人可以平凡，不能平庸。

究竟是什么造成了一个人的平庸？刻板的社会生活磨灭了个性？

流水化的社会分工局限了才智？冷漠的都市交往麻木了情感？严峻的现实考验泯灭了理想？不，这些全部都是外因，起不了决定作用。平庸的行为来自平庸的思想，平庸的思想来自贫瘠的大脑，一个人倘若放弃学习和思考，注定沦为平庸。

人们习惯性地把学习和学校联系在一起，认为完成学校教育之后，生活从此与正规学习无关。他们一定没听过"终身教育"这个概念。1965年，一个叫保罗·朗格朗的法国人在联合国主持的成人教育会议上，提出人应该终身接受各种形式的教育，这个概念被世界各国广泛接受。虽然没有严密的理论和实际的组织，政府依然鼓励公民接受各种形式的再教育，以实现终身教育。

人为什么要一直学习？因为脑子不用就要"生锈"。尤其在一个知识大爆炸的时代，倘若不能及时补充新知识，你很快就会落伍成为"老古董"。学习，可以巩固知识基础，可以提高业务水平，可以增加晋升筹码，可以激发大脑创意。不停止学习，大脑就会始终活跃，人也会因此远离怠惰和迷茫。思考同样重要。很多人习惯盲从，习惯重复别人的见解，他们不是认为自己的见解太浅薄，就是根本没思考。不思考比不学习更可怕，一旦不思考，就容易被他人影响，甚至被他人控制，会相信一些浅薄的说法，会产生有害的判断。不思考的人大脑空空，永远不会进步。也可以说，不思考就是平庸的开始。

学习与思考相辅相成，不断学习，会给自己带来心理上的自信和实际行动的底气，这些很容易转化为人的成就；思考则让一个人更有深度，更有个性，进而形成个人魅力。可以说，一个既肯学习又肯思考的人，对人对事都会有自我主张，能够牢牢掌控自己的命运，并吸引周围的人。这样的人，绝对不会平庸。

学习的概念非常广泛，一门技能是学习，为人处世也是学习，生活处处有学问，人生处处有导师。只要你有一颗好学的心，你会发现许多值得挖掘的东西等待着你。

04/ 思想在高处，人才能脱离平庸

一切日常琐事中，最让人懊恼的就是犯错误。生活中的错误影响心情，工作上的错误耽误绩效，情感上的错误危及人际和谐，但谁也不是圣人，谁都要犯错。人们知道不能追求无过，只希望自己能把错误率降得低点儿，更低点儿。可是，尽管小心翼翼，尽管一再回避，尽管费尽心思，错误还是会出现。

为什么人一定要犯错呢？为什么自己总是那么粗心大意？为什么选不出最正确的那个选项？为什么没有料到结果？那是因为你想得太少了！我们不可能具备诸葛亮那样的智慧，但如果像他那样，凡事都能从全局、长远、细节三个方面思考，错误率会大大降低，可以说，理性地思考，是成功的一半。

感性和理性，我们离不开的两种模式，前者细腻后者客观，过分感性就会软弱，过分理性就会冷酷，很多人的问题就是感性太多、理性太少，意气用事屡见不鲜，理性思考却少得不能再少。究其原因，在于心不静，头脑安静不下来，如何分析问题？所以，终日忙碌的人看似有所得，其实他们脑子里乱糟糟的，根本没有任何成型的东西。

咖啡馆，两个老同学正在聊天，一个是卖电脑的小老板，一个是不太有名气的画家。老板问画家："为什么你总在咖啡馆里坐着？"

"为了静静，为了思考。"画家回答。

老板环视咖啡馆，他们前面那一桌只有一个人，开着一台笔记本，十指如飞敲着键盘，那噼里啪啦的声音清楚地传到耳朵里；他们后面那桌，是一对情侣，正说着腻歪的情话；不远处那一桌，几个大学生正在争论一个问题；更远处也有好几个人，其中一个大嗓门，不时来一句，声音在墙壁间回荡。老板问："你确定你静得下来？"

画家说："静不是说没有声音，而是你知道自己现在该做什么。你看他们，虽然做的事不一样，但全都投入进去，各忙各的，没有人浪费时间。我想要的就是这么一种氛围，我能在这种'安静'中思考我的事。打个比喻，大学的时候，我们上自习就去图书馆，看到那么多的人都用功，我们也加把劲看书。就是这个道理。"

老板半懂不懂，问道："那你都思考什么啊？"

"我什么都思考，国计民生、时政杂谈、男女情爱、饮食起居，很多问题细想想，特别有意思。"

"这和你的画有什么关系？"

"画家不能只知道在画室画画，如果没有一个宏观的头脑，没有细腻的观察力，他的作品就不会有生命力。"

"艺术家怎么这么矫情？"

"做什么都需要思考，就像你当老板，你要是只知道卖电脑，不想想怎么卖才能卖得更好，赚的钱就只有一定限额，还有可能被那些有头脑的经销商挤掉。但如果你能在营销上做做文章，搞一些活动，和附近的店铺进行捆绑宣传，或者改进服务，你就能建立自己的口碑。这些东西，都需要思考。"

"你说的还真是这么回事，但我在哪里思考不一样？为什么一定要选咖啡店？"

"因为人在家里想休息，在店里想买东西，在酒吧想喝酒玩乐，只有在咖啡馆这种大家都在思考的地方，才能静下心。或者，你也可以试试去河边散步。"说完，画家喝了口咖啡，不再和老板说话，眼神飘向窗外，陷入思考之中。

老板觉得无趣，看看周围，大家都在忙自己的事，他也只好搅动着咖啡，想着如何卖掉库里那批过时的电脑存货。他一边想，一边漫不经心地看着周围，看到那群大学生，他突然灵机一动，何不在生活费紧张的大学生群体里发发传单，低价卖给他们？他们不要求电脑新潮，更重视实用性。他越想越觉得这个想法可行。他又想到自己库里还有一些小件电子产品，可以作为赠品，提高大学生的购买兴趣。

离开咖啡馆的时候，老板满脑子都是计划，简直迫不及待，他对画家说："这咖啡馆真是好地方！还是你聪明！"

想要理性地思考问题，人必须先静下来。不要想着你的烦心事，不要被别人干扰，不要想今天晚上吃什么，也不要想明天上班会不会迟到。让大脑远离日常琐事，看看天空，看看草地，听听不相干的声音，走在一条无人的小路上，或者坐在一间安静的咖啡馆里，然后再想你的问题。想的时候不用太勉强，可以随时神游太虚，看无关的杂志和风景，这一刻，你非常安静、闲适，和烦恼毫无关系，你只是一个思考者。

在这个浮躁的时代，太多事让我们焦虑，有时想让自己安静下来，需要一些外界条件的辅助。故事里画家所说的咖啡馆，就是一个不错的地方，这也是那些做脑力工作和创造工作的人喜欢去那里的原因。一杯咖啡可以让头脑清醒，可以随意走动的环境又不会让人拘谨，人多的时候虽不安静，但大家都做自己的事，反而营造了一个互不干扰的环境。

思考的乐趣有很多，当你静下心想事情的时候，你会发现平日死气沉沉的脑细胞逐渐活跃起来，一些奇妙的点子形成了。如果你手中拿着一本书，随便看上几眼，你会发现那完全不相干的书本内容，竟然引导了你解决问题的思路。你的思路越来越宽，想法越来越多，你简直不敢相信自己有这么多想法。别光顾着惊奇，赶快拿笔记录，这些想法来得快去得更快，再过几分钟，你想都想不起来。

有的时候大脑里边空空如也，静坐几个小时，散步几个钟头，一个点子也没有。不必焦急，要知道思考的目的并不只是解决问题。想要身体健康，我们需要锻炼四肢和器官；想要大脑健康，我们需要经常思考。思考，就是对大脑的保健。即使你没有想出什么固定的方法，各种念头被你的大脑记录了，各种事物在你的大脑里有了更清晰的印记，你对一个问题的不断思考，让你更加明白解决问题的关键所在。说不定哪个时候，灵光一闪，办法自然到来。

很多人将动脑当作一件苦差事，是因为他们只想解决某个特定的问题，根本不知道思考的乐趣。思考，既要有主要目的，也要尽量发散，想各种各样的问题、各种各样的可能。当你静下心来的时候，这些想法就像精灵一样在你的大脑里游走，感觉非常奇妙。

大脑越用越活，想变得聪明，只有多学习、多思考这种途径，没有别的捷径可走。每天给自己一些时间，忘记生活，静下来思考，你的生活会越走越好。当思想飘浮在空中，你会更全面地看到生活，看到未来。思想在高处，人才能脱离平庸，走向高处。

05/ 你的见识，决定了你的言辞

不知道你发现没有，很多人对自己的评价里都有这样一条——不会说话，这主要有两个意思：一是比较内向，不善交际；二是没有多少讲话技巧，经常说错话。也许你自己也说过"唉，我这个人就是不会说话""我不知道怎么去沟通，我不太会说话"之类的话语，所谓"不会"，就是不擅长、不愿意，说穿了，就是根本不知道该说什么。

田医生是××医院的心理科医生，一天，他接待了一位病人，这位病人说自己不知道怎么与人交往，根本不会说话。他想要和人多多交流，想要改变自己的内向性格，最重要的是，如果他想继续升职，必须改掉只工作不说话的状态。

他说他自己做了很多努力，平时在家里让父母、女友陪着说话，他们说得多，他说得少，好歹能说点今天的饭菜、去年的衣物和几句情话。一到公司，他就成了半个哑巴，回答问题基本都用"嗯""对""知道了"，急得同事们直叫："你说清楚点！你就不能说清楚点！"

他下了决心参加了一个"语言辅导班"，"交际大师"讲得天花乱坠，他也听得充满干劲，还记了大半个硬皮本的笔记，可那些"谈话要点""对不同人有不同的语速""对男士说话和对女士说话的要领"全都帮不了他。

现在他对说话有点恐惧，更觉得自己是个胆小鬼，不知道自己还有没有升职的希望。他每到周一就紧张，根本不知该跟同事和上级说什么，吃饭也不想和他们一起吃，害怕他们对自己有看法，也许这样下去……

"你这不是挺能说的？"田医生打断他。

"你是医生，我当然要陈述自己的病情。"

"我知道你的病情了。"田医生说，"你不用整天想着自己没有希望，把这个时间用来看书、看新闻，哪怕上网，你不是有社交恐惧症，你和别人无话可说，是因为没有谈资！"

后来，这位病人不治而愈，成功升职。他说他只是和同事买了同一款手机，经常一起研究手机的性能，就顺利地融进同事的圈子。他还发现，只要有共同话题，少说多听是一件很受欢迎的事，他以前真是把这件事看得太难了。

不会说话的人既没有丧失说话的生理能力，也不能整天不与人沟通。如何开口？说什么？别人会不会觉得无聊？会不会冷场？万一别人不答呢？自己能和人搭得上话吗？许许多多的顾虑，让人成了"会说话的哑巴"，甚至怀疑自己有交际障碍。其实这种问题根本不需要心理医生，完全可以自行解决。

试想一下，不管你是什么年龄，什么职业，如果别人说起足球，你立刻能从世界杯侃到欧洲联赛；别人说起电影，你能立刻附带说说导演还导过什么、主演还演过什么；别人说起时尚，你既能说当年的杀马特，也能说上个礼拜的时装周；别人说起哲学，你立刻说出海德格尔、克尔凯郭尔、福柯；别人说到茶叶，你能说说云南普洱生茶、熟茶的区别……谁不愿意跟你交流呢？有什么话不能说呢？

所以，不会说话，不是因为你内向，不是因为你情商低，不是因为你和别人有这样那样的距离感，仅仅是因为你无话可说，你知道得太少了！

找到问题所在，就可以制定进阶之道。增加见闻的方法很多很多，你可以定制一些有见地的推送内容，可以经常找有阅历的朋友聊聊天，可以多读一些经典图书，可以追着某些博主学习他们的心得，可以多出去转转享受别样生活。总之，你要有信息意识，把自己当成一个信息接收器，尽量多接纳外界的信息。

你不能和身边的人完全没话聊，你至少要知道同事们说的那些电影的内容，哪怕只是在网上搜影评看几分钟；你应该知道朋友们关注哪些事，身边的人喜欢哪些明星，听他们一两首歌……这些事费不了你多少时间，却可以让你不会落伍，不会在大家聊得热火朝天的时候，完全接不上话。

当然，你不能止步于此，这种应付式的聊天毫无魅力，别人只会当你是一个不扫兴的人，不会有太多的沟通意愿。你还应该去接触那些真正有见地的观点，你应该深入地思考一些问题，提出自己的见解。你应该关注社会热点，关注国际新闻，让人看到你的底蕴和情怀。特别是当你对一个问题持续性地关注和思考、收集许多意见时，你的分析能力也会不知不觉地提高。此时，你的谈话内容已经有了一定的高量。

你必须尽量减少碎片化阅读，让自己的思维更有系统性。朋友圈经常转发一些"深度好文"，有些文章质量的确不错，但这些一家之言虽然有见地，却支撑不起你的思想，不要为过于碎片化的东西浪费太多时间。这些文章观点很新鲜，内容却很矛盾，你信了这个又信那个，何时有自己的主意？

总之，积累谈资是一个长期的过程，要多，更要精。首先要下定决心，钻研某一领域，有发言权，这样别人会觉得你是个"有学问"的人，有这方面的问题时会和你商量，连带着也觉得你在其他方面必然有见地。由精而博，才是获取知识的顺序。千万不要只顾着收集一些老掉牙的笑话和日常琐事，只会说这样的话，就算你多么的能言善道，别人也只当你是碎嘴的人。

06/ 主动去交往，路才能越延越长

很少有人喜欢孤僻，但每个人都要面对孤僻，孤僻更与消极结下不解之缘。几乎每个消极的人，都有几段孤僻的心事。不论是童年的遭遇、求学时的不顺、恋爱的失败还是工作中的挫折，消极有多种原因，但大多与挫折有关。而孤僻，则成了消极者的一种自保方式。

最初的孤僻表现是不爱说话，不愿意融入谈话的人群，不愿发表自己的见解，有人询问他们的意见，企图引起他们的兴趣、带动气氛，他们支支吾吾地回答两句，时间一长，人们就说他们"沉默是金"。他们自己心里明白，只是不愿交流、不爱说话，交流带来的争论让他们疲惫。

接下来是对公共空间的回避。不想去参加社交意义的聚会，不愿和陌生人谈话，渐渐连公司的年会和朋友的聚会也找借口推辞。看到人多就心烦，甚至连娱乐的心思都没有。不与现实空间接触，倒是和网络上的虚幻朋友很有话聊，缓解表达的欲望。

接下来的孤僻是对自我空间的过分渴求，想要一个只有自己的空间，不用跟人接触，没有其他声音，在那里自给自足、轻松自在。一开始认为自己找到了温馨的小屋，渐渐地害怕走出那间屋子，屋外的一切都陌生，甚至不希望去公司上班，也不想被朋友探望。

孤僻进一步加剧，陌生和改变成了大敌，任何微小的变动都会引起不安，只希望世界按照此时的规律一直运转下去，不要有任何颠簸。在孤僻中，幻想的比重大大增加，幻想世界什么都有，让人沉迷不已。于是，更加排斥现实世界，更加厌恶琐碎的生活，更加不愿与人接触……

孤僻到最后，就会出现交际障碍。这是心理学上的一种疾病，表现为与人交往时不由自主感到紧张和不安，导致话说不明白、行动无措和对交际感到恐惧，特别是在公共场合，更是不敢主动表现自己，甚至排斥表达。交际障碍有社交焦虑、社交功能障碍、社交心理障碍等详细区分，但在表现上殊途同归，对自己不自信，抗拒人群，过分拘谨，总是幻想失败是这类人的主要特征。

多数恐惧社交的人只是一种轻微的心理障碍，谈不上严重的疾病，他们主要表现为孤僻、内向、抗拒交朋友、喜欢独处，他们内心并非喜爱孤僻，只是对人际交往有不必要的担忧，对人与人的相处缺少基本的自信，他们的表达能力有限，常常不能正确、充分地表达自己的思想，因此充满挫败感。

这类人的朋友极其有限，大多局限于身边的人和多年的同学、同事，他们很容易被朋友影响，并被朋友们的意见左右，他们渴望友谊，却缺乏甄别友情的能力。也因为接触的人不多，更加恐惧社交。在现代社会，这样的人正逐渐增多，他们困在自己的恐惧之中，他们常被身边的负能量包围，束手无策……

大多数孤僻都指向消极，所以，当你发现自己越来越沉默，越来越喜欢一个人在屋子里，越来越觉得无人可以交流；当别人对你的评语已经从"沉默"变成"孤僻"；当所有的聚会都不再对你发出邀请；当你觉得自己在公共场合只有空气一般的存在感……

主动打破沉默吧，去人群中感受一下他人的生活，在对比中正视自己的失误，以积极的态度面对生活。否则，你只能在不断加剧的孤僻中孤立无援，坠入消极的深渊。

07/ 你不满意的，正是你所需要提升的

每一件不满意的事情背后，都有一个倒霉的故事。

每一个爱说自己运气不好的人，都是有点苦闷的。

之所以如此，是因为有人总把自身的倒霉归咎为运气不好，把自身的苦闷归咎为他人的错误。他们不太愿意承认自己有错，即使承认，也要把更大的责任推给环境，推给他人。他们以为这样能让自己舒服，其实他们心里也知道，最主要的原因还是自己。性格上的弱点也好，经验上的欠缺也好，判断的疏忽也好，一时的贪心也好，总会有个主要原因，导致了他们今天的倒霉和苦闷。

王小帅年近30岁还是单身汉，他不想当单身贵族，结婚一直是心病。他常常抱怨找不到合适的女性。身边的朋友都为王小帅着急，家里也逼着他相了二十几回亲，但每一次都没结果。介绍人无奈地说："王先生，你眼光太高了！"王小帅急了："不高！一点也不高！我又不奔着女神找，我就想找个顺心的，真不高！"

朋友们都挺无奈，要说王小帅的标准，好像真不算高。王小帅高高的个子，长得也挺帅。他事业不错，读的大学虽然不是名牌，但毕业后在"先就业再择业"的浪潮中，随便进了一家公司，没想到那工作正适合他细腻的个性。他一直没换工作，现在已经是一个小领导，每个月既有工资又有外快，车子早有了，房子也供着，这样的条件，标准高一点也没错吧？

王小帅这个人对爱情有文艺的向往，他以前交过几个女朋友。第一个长得特漂亮，相处没多久，他觉得对方没脑子；下一个是个女博士，他又觉得太刻板少情调；再下一个是个朴素的姑娘，他觉得太平

淡；又有一个时而热情如火、时而大发脾气的，他实在吃不消……他有时觉得自己爱的是草原的野马，有时觉得自己爱的是小镇的月亮，他希望未来的妻子能给他多层次的爱情体验。

"找个老婆怎么就这么难呢？"王小帅见了人就感叹。

这一次，又有人给他介绍一个姑娘。姑娘条件不错，王小帅最初很满意，没多久，王小帅的老毛病又犯了，觉得姑娘脾气太盛不够温柔。介绍人无语，把王小帅的意见委婉地转达给姑娘，姑娘气得抓起电话骂了王小帅一通，最后说："你就想有个女人既当白玫瑰又当红玫瑰，想得美！你能既老实又幽默吗？能既有头脑又没心机吗？能既浪漫又理智吗？贪心不足，活该你打光棍！"

王小帅被骂得灰溜溜的。转念一想，也许他的择偶标准的确有问题，胃口太大，所以什么也吃不好。想想那姑娘实在不错，有心继续追，姑娘压根儿不搭理他。看来，王小帅的婚姻问题，还要再拖很长一段时间……

想要改变自己的生活和命运，就要根除错误的源头，这个错误往往是自己不愿意接受的，就像故事里的王小帅，他其实是一个自我又贪心的人，在爱情方面存在太多不符合实际的幻想，他以为自己要求不高，抱怨姑娘们不合他的心意，但世界上哪有那么便宜的事？如果他不改改这个毛病，恐怕今后要一直单着。

找错误源头不是一个愉快的过程，那代表我们必须面对自己的缺点，甚至是灵魂的丑陋面，这是我们极力回避的东西。

谁的内心深处没有一个完美的自己，就算有错误也是别人的，这种想法是一种自我保护，并不奇怪。扯下这层保护面纱，你必须面对真实，你以为自己是慷慨的，其实某些时候你很自私；你以为你是善良的，其实某个时刻你做了对不起别人的事；你以为自己是坚强的，其实你一直战战兢兢……这些真相一直被你隐瞒着，不是吗？

讳疾忌医不是个好习惯，疾患扩大一定会害了你。正视自己不容易，但也不难。对自己下一个否定的结论，不代表否定自己的未来。只有把错误原因挖出来，才能修正人生道路，才能避免犯同样的错误。这件事越快越好。现在就可以拿出一张纸，做一份详细的自我分析，你的一切都将无所遁形，这可能会让你难堪，但一定会给你启示。

正视自我，首先要正视过去。写下你心中最在乎的过去的那些错误，分析原因，你的性格弱点将系统地呈现在纸上。如果你觉得自己的分析能力不够，还可以问问身边那些足够聪明的朋友。你的很多不满意都来自不理想的过去，现在，你应该和它们告别。

接下来，写下你的知识储备和手中的资源积累。你的很多不满意来自不乐观的现状，恰恰是因为你没有足够的能力掌控局面。当你看着那张纸，明白能力和理想之间的落差，不用别人说，你就知道现在要做的是学习和积累，而不是抱怨。

写写你最擅长的事吧，这些是让你骄傲的部分，也是你至今说自己"怀才不遇"的重要资本。你擅长到什么程度？为什么它们没能给你带来应有的光彩和成就？继续分析原因，你会发现自己性格上的弱点和行事上的不妥当，这都是你调整自己的参考。

最后写下你的目标，不论近期目标还是远期目标，当它们和你的优点、缺点共同出现在一张纸上，你会无奈地发现它们的距离，也可能会发现其实它们之间并不那么遥远。无论如何，你的头脑现在是清醒的，你可以计划你的未来。

记住有果必有因，把原因找出来，你才能争取另一个结果。否则，你的生活只能在怨气的不断累积下，整日被不满的情绪占满。把根源挖走，不论遇到什么事，努力改变，努力争取，你才能慢慢对自己、对生活感到满意。

Chapter 6 / 现实与理想总有一定距离，幸好你还在努力

　　我们每个人都抱有一定的理想，但由于自身条件和外在环境的局限，理想和现实之间总会有些差距。此时，我们不能坐以待毙，更不能寄希望于他人，而是要立足现实当下，通过自身的努力和奋斗，确保每天都有所进展，一步步缩短理想和现实的距离！

01/ 只有每天进步才是最稳定的生活

又要到一年一度的同学会了，沈先生发愁了。他生在一个大城市，考了当地的大学，毕业后，一大半同学都留在这里，根本没有什么从此天各一方的伤感。每次的同学会都很热闹，大家回忆学生时光，嘻嘻哈哈地说着当年的糗事、工作上的不如意，一起骂骂老板，啤酒一杯接一杯地喝，真是轻松又畅快。

不到3年，同学会就变了个样子。当年穿着运动大背心的小伙子们纷纷西装革履，当年素面朝天的女生们个个精心打扮，对过去的回忆没少，但对未来的交流越来越多。特别是那些工作如意、顺利升职的人，俨然成了同学中的红人。

沈先生在学生时代当副班长，为人勤勉，很受欢迎，几年同学会之后，他发现自己越来越缺少存在感，大伙热络地说着他不懂的投资，为想要跳槽的同学指点门路，分享自己的朋友圈，讨论如何驾驭下属……沈先生一直没有升职，他觉得自己的工作还不错，轻松省心，同学们对他的状态表达了礼貌的羡慕，转头又去研究最近的投资环境。

沈先生知道自己的状态出了问题，但他找不到问题的源头。他每天也和别人一样努力，不迟到、不早退，该加班时候从不推脱，为什么就没有进步呢？他很想找人分析分析，又羞于启齿。这种不舒服的感觉，让他不愿意参加同学会，干脆找个借口缺席。后来，连朋友的聚会他也很少参加，他有点害怕别人得意的样子，那会显得自己更加无能……

这个高速发展的社会，竞争越发残酷，原地踏步等于后退。不及时充实自己，早晚会没有立足之地。

说穿了，同学会中的位置是否尴尬是自己选的，如果自己是一个上进的人，不用别人叫，就会主动听听那些相对成功的人说什么，学习他们的经验，甚至主动说说自己的问题，让大家出出主意。老同学真的会不帮扶吗？答案当然是否定的。老同学本身有多年感情，又相互信任，同学会的参与者可能就是未来最好的事业伙伴，他们为什么不帮呢？

可偏偏有人就是觉得那些成功的人来同学会是为了炫耀，那些想要成功的人来同学会是为了拉关系，自己没有进步，也见不得别人好。这种心态，是典型的短视，倘若不扭转，一辈子也抓不住成功的机遇。而且旁人未必发现你的止步不前，但原地踏步的状态一旦形成，首先会给自己带来巨大的心理压力。

为什么不乐观一点？自己的同学，和自己年龄相当、曾经水平相当，这就是说他们做到的，你也有可能做到。大家积累过深厚的感情，你有需要他们建议的地方，他们往往不会吝啬。因为彼此知根知底，你想做什么和他们商量，他们不会胡乱支招儿，而是会根据你的性格、能力，给出最恰当的意见——看，这才应该是同学会的作用。

人为什么会故步自封，因为他们放弃了学习的机会，放弃了对形势的思考，因为一时的落后而不敢迈步。其实，人生的道路很长，你的未来未必比别人差。抛弃混吃等死的安稳心态，试着挑战自己，每次挑战都意味着你的成熟和进步。

02/ 遇事要多问几个"为什么"

想要启迪小孩子的智慧，培养他们对知识的热爱，最好的礼物便是送上一套《十万个为什么》，让他们了解科学、历史、文明、社会、自然、生活各方面的知识，开拓眼界，启发思考。当一个孩子不停地问"为什么"，你难免觉得有点烦，但也能断定这个孩子将来会有出息——他是一个肯思考、想进步的人。

可惜，人的年龄越大，越是忽视"为什么"的重要性，特别是离开了校园以后，人们越来越回避求教、询问，有些人认为不应该随意麻烦别人，有些人碍于面子不愿意向人请教，长此以往，故步自封，渐渐培养了固执己见的个性，再也无法进步。

孔子说："三人行，必有我师焉。"哪一个人不能成为自己的教师呢？就连那些小孩子，也懂一些你听都没听过的知识；就连那些小学生，玩起电脑、说起外语都可能比你更流畅；更不要说那些比你有经验的同事、那些饱学的学者、那些有人生经验的老人……就连你经常嫌弃、说着老掉牙告诫话的父母，都比你更懂得为人处世，你实在没有理由不请教、不求学。

那个山村土壤贫瘠，种不了多少粮食，从前，村民们经常吃不饱饭。后来，有人发现山里的野生藤蔓剥了皮，抽出里边的纤维，可以编成各种藤制容器，卖给山外的人换钱，他们每天出门割藤蔓、晒藤皮、趁着藤蔓柔嫩赶快编出形状，这样的日子虽然辛苦，却换来了不少财富，于是，很多人开始琢磨怎样才能编出更好看的筐和篮子，渐渐地，这个村子的藤制品有了名气。

老古是村里最有名的手艺人，他编织藤蔓的方法足有几十种，有的是他拜师学的，有的是他自己琢磨的。其实，村里的人都会捡个藤条自己编东西，但老古封的边、缠的花样都和别人的不太一样。不少人把孩子送到老古那里，想学他的手艺，也有人亲自登门拜师，希望得到他的指点。老古来者不拒，尽心教导。

编织看似简单，人人都能上手，但真想编出精品，还真需要一番苦功夫，没个三五年不能出师。很多人编着编着就烦了。老古说：编织就是个静下心来的活儿，静下心就能做好。他说得没错，却不全面，想要学好一样东西，光有耐心可不够，老古的学生小南和小东就是例子。

小南和小东都是村里的小姑娘，一起来跟老古学习。两个女孩手都很巧，小南比较听话，老师让做什么就做什么；小东喜欢自由发挥，经常编着编着就加一些自己的想法进去。老古经常批评小东："先把基本功打好，再弄你那些花样。"小东充耳不闻。

于是，小南不论编了什么，都先拿来给师傅过目，问问哪里有毛病，哪里可以改进。小东呢，即使师傅批评她做得不对，她也觉得是师傅在故意挑剔。而且，小东看不惯小南对师傅言听计从，认为她没个性。不到两年，小东再也不愿忍受师傅的唠叨，自立门户，接了一些订单。而小南依然跟在师傅身边，足足又学了两年。

后来呢？小东脑筋灵活，利用刚刚兴起的互联网开始做生意，薄利多销，赚了不少钱。小南起初只接到一些师傅介绍的老主顾的订单，慢慢地，她的口碑越来越好，甚至接到了外国订单，人们都说她编出的藤篮子是艺术品。当小南成了远近皆知的手艺大师时，小东还在做着批发小买卖，她不禁后悔当初没能好好听老古师傅的话……

学知识，谦虚是关键。没有这种态度，学不到最全面的知识，可能只学到一些皮毛。想要学到真正的知识，首先要学会谦虚。就像想要进入一间房子，首先要低头进门。多数老师喜欢的是谦虚、有礼貌的学生，愿意与他们多多交流，交流的过程又是一种学习，无形中增加了双方的知识。想要谦虚，需要克服以下四种限制。

克服傲慢

有人生性傲慢，有人因成长经历的优越形成了傲慢的性格，他们或明显或隐蔽地看不起别人，更不会向那些他们看不起的人求教。这在无形中限制了他们的求知范围，他们眼中只有著名学者，没有那些冷门的研究者，经验丰富的过来人，有良好想法的普通人，而这些人，都可以给人以智慧的启示。为什么多数傲慢的人的成就达不到最高？就是因为他们限制了自己的知识摄入面。所以，想要好好学习，就要有向任何人求教的心态。

克服自满

有些人获得过很多成绩，他们认为自己是某一领域最厉害的人，或认为自己在某一团体最为出众，完全忘记了"人外有人"的古训。自满的人根本不会主动学习，他们认为自己的智慧已经可以应付一切事，如果他们应付不了，别人更不可能知道解决方法。自满带来故步自封，最终会导致落后。西方大哲学家苏格拉底被誉为"最有智慧的人之一"，他尚且说："我唯一知道的，就是我什么也不知道。"普通人更要时刻铭记学无止境的道理。

克服羞怯

很多人不好意思提问，不好意思讨论，不好意思表达自己的见解，他们认为自己才疏学浅，认为自己只有一些让人发笑的想法。也有些人因为性格内向不善言辞，而放弃了表达。只学习不交流，是学习的一大障碍。人不可能想通所有事，这时候就需要问有经验的人；人一旦不知道他人的见解，就会固执己见，这时候就需要与人交流。学习与交流相辅相成，想要得到更多的知识，必须克服自己的羞怯。

克服思维局限

学习最好的伴侣是思考，为什么有些人对功课听听就忘，是因为他们没有深入地思考过，无法给大脑留下深刻的印象。所以，我们要主动思考，打破思维局限，学会举一反三，融会贯通。你想到的东西越多，思维就会越灵活，就越能把看似不着边际的知识用在生活和工作中，促进你的成长。

03/ 再坏的结果，也好过"没有做"

很多事，我们并不是不知道该如何做，但还是犹豫了。

想有好的身材，我们知道在哪里有一个物美价廉的健身班，什么样的运动能练出人鱼线，什么样的跑鞋和运动服符合自己的喜好，什么样的食谱能够降低脂肪的摄入，什么时间最适合健身，什么样的食物应该被抛弃……我们知道关于减肥健身的一切信息，却始终没有开始。

想要让自己有健康的饮食，我们知道应该买什么牌子的锅具，什么牌子的刀具经久耐用，哪一个食谱软件评价最高，什么样的油健康……对厨房，我们并非一无所知，却始终没有动手去做第一道菜。

想成为一个学识渊博的人，于是买了很多书，打折时候囤了一堆大部头，朋友推荐时也毫不犹豫地下单，看着书架渐渐充实就有一种成就感。但是，大多数的书，我们甚至没有翻开第一页。

想要捡起外语重新学习，做了计划，买了教材，下了一堆美剧做辅助，手机里装了单词软件，结果除了看看剧，单词却始终没开始背，这样的事一次次发生。

想找个优秀的人谈一场高质量的恋爱，最后走进婚姻结伴过完这一生。但却不去提升自己的形象，不去多多接触优秀的异性，对工作也无精打采，好不容易换了个造型，很快又觉得自己在瞎折腾，终于把爱情当成了求而不得的梦想。

在犹豫之中，我们错过了多少美好的东西？我们一次次后悔，倘若没有犹豫，我们会考进更好的大学，进入更好的公司；我们会有更美的形象，更丰富的生活；我们会有更好的心态，更顺利的人生。然后我们又否定了自己，告诉自己即使努力了也未必会有结果，自己只是个普通人，也只能当一个普通人。

犹豫是消极的伴侣，它发生的时候，我们明明有很多机会；它结束的时候，我们已经被消极所笼罩，对现状束手无策。一旦它成了思维习惯，也就成了我们再也摆脱不了的阴影，它会在每一个需要果断、需要行动的紧要关头，轻飘飘地在脑海里回响："真的要这样做吗？""再考虑一下吧。""你好像做不到。""失败了很难看哦。"于是我们的脚步停止了，又一次让机会擦肩而过，留下一声叹息。

人为什么会犹豫？因为恐惧，一切犹豫行为，都能看到恐惧的影子。

有人喜欢幻想，迟迟不肯行动，在幻想中把美梦做了个遍，得到虚幻的满足。就是因为幻想太美，现实太冷酷，他们害怕一旦行动，就会连虚幻的满足都没有。

有人不断谈论自己想做的事，不断查阅资料，制订计划，却不敢开始，害怕资料没有用，害怕自己没有能力，害怕现实逼迫自己看到自身无能的那一面。

有人做事迟迟不肯加快速度，总是害怕失败，害怕失败带来的自责和嘲笑，所以畏惧决定，恨不得有人为他做决定。

有人干脆说："为了不确定的结果浪费时间，不值得。"多么冠冕堂皇的借口，几乎掩饰了内心的犹豫，他们怕别人看穿自己的怯懦。

犹豫的人必然消极，常常两头落空，因为他们始终无法把双脚踏到实处，确定自己的方向。想要告别消极，首先要告别犹豫。面临选择，不要瞻前顾后，选择自己喜欢的。当你告别犹豫的生活、开始为目标努力时，你会发现选择并不可怕，要面对的也不过是"做到了"和"没做到"两种结果。不论哪种，都会让你有所收获，好过"没去做"。

04/ 请在第一时间就行动起来

说起自己的前男友，叶小姐一肚子气，她最后悔的事就是没早点和这个男人分手，同学聚会上有人提到他的名字，叶小姐大叫："别跟我说那个拖延症患者，那个极品！气死我了！"大家不由露出同情的目光。

叶小姐有些急脾气，以前她一直想找一个好脾气的男朋友，既互补又能被对方照顾。后来她的愿望实现了，男友和她读同一所大学，会照顾人，很少生气，凡事让着她，成绩也不错，两个人还是老乡，注定了今后不会面对大学毕业天各一方的结局。除了性子太慢老是迟到，这个男朋友她怎么看怎么满意。

很快，叶小姐发现梦是美的、现实是灰的，男友的拖延症简直让她忍无可忍。

在他们共度的第一个情人节里，矛盾第一次爆发。情人节临近开学，大部分学生已经返校，情侣们更是不会错过这个重要的日子。叶小姐当时忙着当家教，就嘱咐男友在西餐厅订个位置，她说，每年这个时候餐厅都满员，一定要提前订。男友口头答应了，等到情人节当天，叶小姐问了一句，发现男友还没打电话，一个电话打过去，早订满了。

叶小姐以为男友忘了，男友却笑呵呵地说："我记得这件事，就是被其他事耽误了，而且，我觉得西餐厅没那么快就订满。"叶小姐不便发火，就嘱咐男友上完课早点出校门，否则找不到饭店吃饭。没想到她在门口一边等一边打电话，男友还优哉游哉地在宿舍里换衣服，他在电话里安慰叶小姐说："那么多饭店，怎么可能全坐满？"

直到叶小姐火了，他才跑了出来。

那是一个糟糕的情人节，他们进了一家又一家饭店，全部满员，全部有人排队，最后他们在大雪里走了半个钟头，才找到一家偏僻的小店，餐具不太干净，饭菜也不可口，男友又忘记带情人节礼物，叶小姐差点摔碗走人。后来她才知道，男友不是忘记带礼物，是根本还没买。

叶小姐以为这个人不在乎自己，提出分手，对方却苦苦挽留。此后，她不得不陷入对方拖延的性格中，迟到是常态，课业总要留到最后一刻，临近考试才复习，说的就是他的男朋友。这个人甚至连找工作都不紧不慢，别人都忙着实习，他还在校园里转悠。毕业前夕，叶小姐急需一份学位复印件，她打电话让男友去她宿舍拿学位证送过来，没想到男友没当一回事，拖了一下午，叶小姐差点因为这件事没通过面试。

叶小姐再也无法忍耐，什么也不多说了，分手吧，男友变为前男友。听说，前男友失恋后特别消沉，两年多没缓过劲，对人抱怨叶小姐太狠心。可是这真的怪叶小姐吗？

很多人认为，拖延并不是一件大事。别看有些人成天大呼小叫，什么"万恶的拖延症"，什么"懒癌治不好"，什么"拖延到无可救药"，他们能这样自嘲，恰恰说明教训还不够深刻。甚至有些没有拖延症，只是正常休息放松身心的人，也以为自己患了拖延症，跟风乱叫。真正的拖延症对日常生活有严重影响，常常伴随焦虑症和忧郁症，需要到精神科诊断，所以，大多数人的所谓拖延症，不过是慢吞吞、得过且过、不认真和懒——他们当然不觉得是一件大事。故事里叶小姐的前男友大概也没想到，自己会因为太过拖延而失恋。

人们对拖延就是这种态度，看似重视，实则根本不重视。毕竟，他们依然能紧赶慢赶在最后关头完成工作，他们并没有因此失去太多东西，对日常生活的影响其实也不算特别大，除了工作质量下滑、错失一些机会、生活麻烦不断之外，他们该吃吃、该喝喝、该睡睡。拖延，只是一个令他们有点头疼的小缺点。

他们却没想过，拖延和消极有很大的关系。

拖延是消极的结果。人们为什么会拖延？有的因为懒，有的因为害怕面对挑战，不在逼迫下就不敢去做。人们总是害怕出现的结果不如自己的期待，于是缩手缩脚，想要多准备准备，想要多看一些资料，想要多一些好心情，一切都是因为他们害怕知道结果。而真正有自信的人没有这个顾虑，他们只希望做得更快。

担心结果和想象的落差，正是一种消极心理，这说明心理承受能力不够强大，连最普通的小失败都无力承担。这种消极并不明显，常常被人忽略，却偷偷滋生了推脱、懒惰、敷衍、失败主义。在思想上，人在拖延的同时就知道，这件事肯定无法做到最好；在行动上，大量时间被消磨，小部分时间完成的任务，质量当然不尽如人意，于是，落差被证实，消极的阴影悄然扩大。

这种潜伏式的消极最为可怕。有时，人们会为突来的打击消极，巨大的压力攻破人的心理防线，情绪崩溃，让人一段时间陷入悲观混乱，但也会滋生反弹力，让人们化悲痛为力量。所以，这种突发式消极即使留下阴影，也可以痊愈。而潜伏式的消极以蚕食的方式扩大领地，等你发现它，一切都晚了。而拖延，正是这种消极的典型标志之一，需要我们提高警惕，尽量根除。

拖延是消极的成因。当拖延成了习惯，我们会习惯做事慢半拍，习惯做事不用全力，习惯得到不满意的结果。然后，我们会被悔恨和负罪感不断折磨，开始怀疑、检讨自己的能力，这种怀疑引发的消极、负面情绪随之而来，我们开始不断否定自己。下一次，继续害怕，继续畏手畏脚，继续拖，继续后悔怀疑否定。以上过程一再循环，离真正的拖延症不远了。

这是由拖延诱发的新的消极，它有明显的存在感，让我们心情低落，失去信心，能拖就拖，得过且过。一种消极引发其他消极，工作不顺引发生活不顺，从此我们无法再积极地面对挑战，只用消极的信息暗示自己必将失败。这时候，拖延，成了消极的日常状态。

　　想要阻止这一切并不难，不必上网搜索"如何改掉拖延的毛病"，其实答案早在你的心中。改掉拖延，你只要全身心地做该做的事，工作也好，学习也罢，哪怕是爱好、娱乐，只要你在第一时间去做，你就是个行动派。行动是拖延的终结者，第一时间行动，你绝对不会患上拖延症！

05/ 所有伟大都在平凡中孕育

你听过田中耕一这个名字吗？

这个名字出现在2002年诺贝尔奖的获奖名单上，这个获得诺贝尔化学奖的日本人让学术界大吃一惊，教授们绞尽脑汁地搜索脑内的记忆，这究竟是个什么人呢？在高端的学术期刊上并没有看到过这个名字，日本有名的化学学者里并没有这个名字，谁都没有听过这样一个名字。他究竟是谁？

日本人也是一头雾水，学者们不知道他们有这样一个了不起的同僚，记者们根本没听过一个具有获得诺贝尔奖资质的高手，从首相到平民，谁也不知道这样一个人物，这种情况太让人惊讶。只有京都市岛津制作所的员工们纳闷地想："莫非真是我们公司那个'怪人'？"

田中耕一是这所公司的一个"怪人"，他从不参加升职考试，为的是始终在科研第一线工作。他是一个非常普通的人，大学毕业，没有考过硕士和博士；为人拘谨，平日沉默寡言，少与人交往，更不要提参加什么学术会议；很少发表自己的研究成果，只想一心搞研究；与学术界没有任何联系，难怪谁也不认识他。

"对生物大分子的质谱分析法"是他与一位美国科学家的共同发明，获得诺贝尔化学奖后，他一夜成名，成了日本工薪阶层的偶像，也是全日本的榜样，人们惊叹于这样普通的、没有任何背景的人，也能获得诺贝尔奖。田中耕一让人看到了生活、工作、努力的意义，许许多多人希望聆听他的经验。

但他们没有听到，田中耕一推掉了几乎所有采访，也没有出现在公共场合进行讲演，他继续做着自己的本职工作，他说自己只想做

"一辈子工程师"，这谦虚而朴素的态度让人钦佩、感动。谁说平凡中没有伟大？所有伟大都在平凡中孕育！

你厌倦过自己的工作吗？你怀疑过自己工作的意义吗？不论厌倦还是怀疑，都会带来激情的流失和积极性的减退，人们就在这个过程中丧失了动力。于是，工作成了日复一日的辛苦，生活成了年复一年的疲惫，人们已经忘记了工作和生活的意义，时不时想着"世界那么大，我要去看看"，但一个连工作意义都不知道、生活乐趣都找不出的人，能在外面的世界发现什么？

认清工作意义，劳动才有价值。太多的人将工作等同于工资，像等价交换那样，用劳动换取每个月的薪水，将每日的工作折合为房租、水电费、生活费。这种认识很容易产生计较，他们会说："拼死拼活就为那几个钱，何必呢！"于是，尽量少做一点吧，工资固定，少做就是占便宜；不用那么认真吧，再认真工资也不会变；想一点偷懒的办法吧，反正老板看不到……这些想法不断滋生，有些变为现实行动，工作质量和效率也随之下降。

同样一份工作，在明白劳动意义的人眼中，完全不一样。不要以为他们会说一些"为了国家和社会工作"的大道理，不，喊这样口号的人并不多，大多数人把工作和自己的人生价值挂钩。得到一份工资只是基础，工作有更大的作用。

工作是学习的平台

在这个平台上，人们学习与事业、生活有关的一切，包括如何更好地钻研一门学问，如何更快地达到目标，如何更有效地与合作者沟通，如何处理工作与生活的关系，如何举一反三增加自己的优势。而所有努力又将成为平台的支柱，让它更高、更牢固。

工作是未来的跳板

在这个跳板上，人们需要默默地积蓄力量。一开始，每个人都很普通，不停地犯错误。有些人渐渐成了熟练的工人，有些人却成了有创意的高手，区别就在于他们究竟如何对待这块跳板。前者害怕它的晃动而退缩，后者不断等待机会，时机一到，他们就会借助此时的跳板，到达更高的平台。

工作是事业，是生命的重心

围绕这个重心，人们改变着、进步着，甚至思维方式和生活习惯都被重塑。工作一旦变为事业，就代表了一个人的能力所能达到的成就，而成就决定了社会和他人对这个人的认可程度。所以，工作不能怠慢，不能轻视，不断从中挖掘乐趣，不断战胜困难，这个重心可以支撑人们的思想和生活，让人们始终保持充足的状态。

像田中耕一那样做一个普通员工，不必以诺贝尔奖为目标，只是单纯地认识到工作的意义，就能不断努力，克服平凡生活中的麻木想法，超越自己。在你回过神儿时，你会惊喜地发现自己已经走出很长一段路。任何人都不要怀疑工作的意义，有一天它一定会告诉你它的意义究竟在哪里。

06/ 每天拿出一小时，创造你的奇迹

有这样一个网站，名字很简单———小时，很多人不知道它究竟是干什么的，还有人把它当成送餐网站，一小时之内就能把一份热乎乎的饭菜送到门口。其实，它的主要目的是督促人们重视生活，培养乐趣，节约时间。它们口号是："每天拿出一小时，创造你的奇迹。"

奇迹是指什么？看看那些热门分享帖，你大致就能明白这个网站的意义。

有个白领突然想学习画画，她从未接触过油画，后来，她每天拿出一个小时，对着教材摸索，对着景物写生，每天用网站提供的一小时APP打卡，一年后，她已经大有进步，人们对她展示出来的油画赞不绝口。

有个职员一直抱有作家梦，但他上有老下有小，一个月有一半时间在出差，根本没时间动笔。后来，他每天挤出一小时的时间写上几段。过程很艰辛，有时他抱着电脑在飞机上打字；有时他11点才回旅馆却还坚持写一小时；有时他不得不一边哄怀里的女儿一边敲键盘。一年后，他完成了一本小说，最近已经准备出版。

有个老板的经历很有意思，过去，他每天忙得脚不沾地，连吃饭时间都被压缩，这给他的身体和情绪带来极大的负担，还让妻子女儿不满。现在，他每天拿出一小时的时间陪伴家人，在这一小时内，他不谈生意，不打电话，一心一意和妻子聊天，陪女儿玩游戏，或者一家人牵着狗散步。他说他的身体也好了，脾气也好了，妻子和女儿对他非常满意。

此外还有一天一小时学外语，一天一小时健身，一天一小时学

乐器……一小时看似不长，一年积累下来，却可以使人有所改变。不过，也有人至今没有太大进展，原因是他们太贪心了，有人既想学习一小时的古汉语，又想学一小时的吉他，还想做一小时的手工，结果，业余时间被这些计划塞满了，他们根本没有动力，什么都没学好。看来，人的确不能太贪心。

每个平凡的人都曾有颗不甘平凡的心，幻想过有一天，他们能遇到一件事物，从此一心一意，快马加鞭，付出心血汗水，得到丰硕收获。这种情况的确存在，但少之又少，大部分人一辈子都不知道自己究竟适合做什么，有的人一直在尝试，有的人早早地放弃，说自己"认清了现实"。

大概因为我们把奇迹想得太过美好，它才迟迟不出现；也许因为我们把目标设定得太遥远，才始终走不到。或者，我们应该务实一点，就像一小时网站中的那些人，每天给自己留下一小时时间，做一件能让自己自豪的事。

看看别人的爱好，多么丰富，他们会极力表述自己从中得到的乐趣和取得的成绩，每一样都足以令你心动！看，有人成了业余小提琴手，在演奏会上穿着优雅的长裙拉上一曲；看，有人翻译了一本小说，还得到了原作者的亲笔信，多么让人羡慕；看，有人减掉了80斤肥肉，从一个肥胖宅男晋升为励志男神，今天又发了几张潇洒的照片；看，有些人研究微景观，做出了让人赞叹的艺术品，现在手头的订货单多得忙不过来……目标恰当，不只会带给你好心情、满意的成绩，还可能成为你改变生活的机会！

贪心在这个时候冒出头，这个不错，那个也不错，不如把目标定为两个小时，三个小时？那可不行，"贪多嚼不烂"。排除那些不适合你能力的，再排除你的经济状况不允许的，最好能根据你的实际需要找一个目标，这种选择能够增加你完成的概率。

每天一小时，听上去不难，做起来不简单。人们可以坚持一个礼拜，半个月，却未必能坚持半年、一年。懒散心态首先出来作祟，怀疑心理不甘示弱地干扰你，许多娱乐招着手诱惑你，日常压力毫不犹豫地压向你，也许还会有别有用心的人泼一桶冷水，想要坚持下来，非下大决心，花大力气不可。

想要放弃的时候，就尽量地激励自己，看看那些已经成功的人的事迹，想想他们的成绩，丰富的幻想也是一种动力。同时，要在其中发现乐趣，积累经验，最少要夸一下自己的毅力。当时间超过100天，你根本不忍心中断这个数字；当每天一小时已经成了习惯，即使有点麻木，也会因为惯性继续坚持；当你发现生活因此变化，你会惊喜不已；当你达到了目标，你就体味到了胜利，会为自己骄傲！

Chapter 7 / 当你开始爱自己，
所有美好都将如期而至

人是不会真正发生改变的，除非感受到爱，尤其是你对自己的爱。爱自己，意味着自己是值得被尊重、被肯定、被珍惜、被爱的，这是一个人得以生存和发展下去的唯一力量。然后你会看到，生命中的所有问题都会迎刃而解。你准备好迎接这一切了吗？

01/ 其实你很好，只是不自知

入职培训两个月，公司招聘的新人不是听前辈讲课，就是去车间参观，有时还要写报告，这批新人刚从大学毕业，看一切都新鲜，脸上还留着学生时代的稚气。公司每年都要在入职培训上下大力气，花费不菲。数据显示，培训能够使新员工最大限度地摆脱学生思维，树立职业意识，了解公司运作，减少工作初期的失误，利大于弊。

负责培训的老师大多是公司各个部门的领导，也有外聘的教授和专门的技术员，课程五花八门，还有礼仪课和心理课。这个心理课又名"职业心态调整"，讲一些简单的心理学知识，主要目的是帮助新人转换心态，了解个人能力，确立职业目标。这一课程一直由人力资源部的姚女士主讲。姚女士性格沉稳又不乏幽默，很受学生欢迎。

姚女士不只讲课，还会给员工们做各种性格测验和职业心理测验。公司对员工的管理十分科学，这和对员工的心理把握密不可分。在这些新人中，姚女士发现一个叫白彩彩的女孩，这女孩对自己非常不自信，在一群雄心勃勃的新人中，显得十分沉默，甚至畏缩。姚女士技巧地与女孩谈话，了解到她出身于一个教育家庭，亲戚几乎都是老师和教授，儿女基因一个比一个好，她个人成绩虽然优秀，但在这一群人中却是最差的，从小就听父母夸奖别人家的小孩，自己根本抬不起头。

姚女士极有经验，她没有鼓励白彩彩尽快摆脱自卑，而是想出一个别出心裁的办法。培训进行过半，这天恰好是白彩彩的生日，姚女士找到学员们选出的班长，对他吩咐一番。班长写了一张纸条："今天是白彩彩的生日，每个人都对她说点什么吧！"然后，他把这张纸条传给身边的人，纸条绕过白彩彩，依次传下去，最后回到班长手中。

当天，大家在食堂为白彩彩庆祝了生日，姚女士特意订了个蛋糕，并把那张纸条当作礼物送给彩彩。彩彩回到家才有机会打开，她看着看着，几乎流出眼泪。

"彩彩，你特别安静，我一直把你当成古典画里才有的女生！"

"彩彩，你太牛了，那些日文弹幕你能直接翻译，你还不是学日语的，我特佩服你！"

"彩彩我对你印象特别深，你经常主动留下来打扫教室，而且从不宣扬，特有素质！"

"彩彩，下次说话能别低头吗？我特别喜欢看你的眼睛！生日快乐！"

白彩彩从来没想过，原来在别人心中，她有这么多的优点，以前，她总觉得自己无趣，说话干巴巴，没有魅力，除了学习好点没有别的特点，看到纸条上的一句句赞美，她突然对自己有了自信。那一刻她特别感谢姚女士，也感谢她这些温暖的同事。

你知道自己在别人眼中有什么样的形象吗？一个有消极心理的人，总是下意识地把自己想得糟糕，比别人更留意自己的缺点，甚至只盯着自己身上的不足。他们的思维局限在缺点上，看到的自然是自己的失败和因缺点带来的不如意，完全忽略了自身的优点。消极的人对自己从来没有明确的认识，只会不断把缺点扩大个性、把优点缩小。

但一个人怎么会没有优点？懦弱的人吞吞吐吐，但他们脾气好，不会轻易伤害别人；敏感的人心思细腻，观察力比一般人要好；个性、冲动的人虽然直来直去容易惹事，却不会犹豫不决……辩证地看问题，优点和缺点相对相生。人会积极，是因为他们能够平衡自己的优点和缺点，扬长避短。人会消极，是因为他们根本了解不到缺点经过改造也可以变为优点。

想要真正改变自身的心理状态，首先要了解自己的优点和缺点。积极自信的人应该警惕地挑出缺点进行改正，消极的人则应该尽量了解自己的优点。优点不只是性格上的，习惯上的，还有能力上的，资源上的，只要充分意识到自己的优势，人就能很快树立自信。

但是一个人很难通过自己确定优缺点，就像无法在镜子里看到自己的全貌。温和的人会认为温柔只是一件再平常不过的事，甚至觉得自己因为温柔吃过不少亏，根本不把它当作一项优点。却不知有多少人喜欢他们的笑容，喜欢听他们温言细语的开解，这项优点给他们带来了多少朋友。混淆了优点和缺点的界限，是人们了解自己的一大难题。

所以还是该听听旁人的意见。如果不好意思直接问，完全可以旁敲侧击，问问对方为什么会和你做朋友，问问别人对你有什么意见，只要留心收集，你会得到很多关于自己的信息，而且大部分都是优点——毕竟，没必要的时候，人们不会出口伤人。至于这些信息的可靠性，还要你自己来判断筛选。

来自同龄人的信息很重要，他们有和你相似的成长环境和世界观，还与你多有接触，得出的结论大多符合现实。同样重要的还有来自长辈的信息，特别是那些可靠的、阅历丰富的师长，他们用自己的人生经验分析你，得到中肯的结论。而且，他们不愿让你多走弯路，不会骗你。

自己对自己也要有积极的评定，不妨多想想你拿手的东西，而不是整天想着你不会做这个也不会做那个。世界上的事物那么多，有几个绝顶天才事事拿手？能够做好一件事、几件事，已经是了不起的成就，千万不要对自己有不切实际的要求。

当你心情消沉的时候，就想想自己的优点，想想别人口中的你的可爱之处，那些闪光点会激励你，让你有存在感。你肯定不想辜负他们的赞赏，希望将这些优点发扬光大。这时你就有了动力，有了目标，也有了勇气。每个人都应该放下对自己的不公正，客观地比较，仔细地聆听。其实，你很好，只是不自知。

02/ 健康是1，其他一切都是零

对现代人来说，保重自己的身体，重视自身的健康，是生活的重心和关键。否则，即使有再多的天赋、再好的机会、再远大的前程，也会被疾病所扰，甚至被死亡葬送。

有多少人因为健康而英年早逝？

"过劳死"让人们警醒，毫无预兆的直接死亡，让人们不得不正视恶劣的生存环境，究竟是什么导致了过劳死？是过重的劳动，还是不良的生活习惯？

"亚健康"时刻困扰着现代人，地铁上人们不住打呵欠，脸色欠佳、精神不振的人比比皆是，他们抱怨着身体这样那样的"不对劲"，这种"不对劲"的根源在哪里？

在死亡面前，每个人都很渺小，人们不得不面对不幸的意外：交通事故、犯罪、食品安全疏忽、火灾、地震……太多事能在瞬间夺去我们的生命。就算能够平安到老，还要面对各种疾病，最终逃不过死亡。生老病死，是自然界的规律，人们无法抗拒；各种意外，毕竟是小概率事件，只要多多留意，没那么容易碰到。

真正威胁到人的生命的，是现代人对健康的忽视。

按时吃饭，适度运动，保持睡眠，均衡营养，定期体检，做好这些事的人，大多有一个健康的身体。不过，有些健康杀手是人们容易忽略又普遍存在的，它们会悄然地改变你的身体状态，当你病了，你甚至意识不到是它们在起作用。赶快来认识一下它们，多多注意，不要被它们偷袭！

生气

生气伤肝，这是古老医学留下的智慧。你也许不知道，生气不但伤害肝脏，还会在大脑血液中增加毒素；还会因情绪冲动而呼吸急促，出现过度换气；还会使胃部的交感神经兴奋，作用于心脏和血管，使胃肠的血流量减少，蠕动减慢；心脏病、高血压病人倘若生气，后果更加不堪设想。那些常年脾气暴躁的人，身体也不会特别健康。

所以，不要老是和人生气，把心态放宽，得饶人处且饶人，能糊涂时就糊涂，你脾气好，身体就好，人缘也会好，一举多得。何必整天为小事怄气，让别人说你是小气鬼，不小心结了仇家，还要伤了身体？这笔账划不来！

电子产品

电子化时代，我们生活中到处都是电子产品，电脑、手机、超大屏幕电视、PSP……层出不穷，用都用不过来。商家们还在不断开发新产品，你的未来就是被这些产品包围。当你赞美它们节能环保高效率、美观有趣好携带的时候，想想你的视力吧，想想你的颈椎吧，想想你的大脑吧，再想想你的时间、精力和睡眠吧！

没错，电子产品有极大的负面影响，最大的影响就是辐射，对视力的影响最为显著，你的眼镜度数一直在增加，不要因为它不是绝症就不在乎；辐射还会影响到皮肤、骨骼和内脏，皮肤比较明显，对着电脑时间长了，又干又粗糙，骨骼和内脏你却看不到。不要以为在电脑旁放盆仙人掌就能拯救你，它根本没多大作用，还是少对着那些辐射源吧！

清洁用品

你肯定认为，洗护剂、清洁剂都是为了让你更加干净才会发明的产品。唉，不论它们的功效多么卓越，它们也是化学产品。特别是那些非环保类的清洁剂，对你的皮肤、你的衣物、你的厨具、你的家庭用品，都在清洗的同时产生元素污染。你害怕了没？一定要认准那些有保障的品牌，减少危害。在这一方面，千万不能贪便宜！

抗生素药物

是的，药物也可能毁掉你的身体。老祖宗有名言：是药三分毒。告诫我们没事不要乱吃药，否则就会出事。如今，滥用抗生素已经成了一个国际性难题。抗生素损害了患者的器官，还可能导致二次感染，使患者产生耐药性，导致药品作用降低……种种危害说不尽。所以，一定不要主动购买非处方药，不要主动要求服用抗生素药物，更不要把抗生素当成家常便饭。当然，如果需要治病，一定要遵循医嘱，不可自己中断服用，否则后果更加严重。

抽烟、喝酒

小孩子都知道抽烟不好、喝酒不好，但人们依然沉浸在烟酒中。美酒成了文化，香烟成了成熟的象征。适当使用当然可以当作生活的调剂，但过度使用简直是灾难。且不说烟酒带来的对身体的伤害，身旁的人也往往因此遭殃，他们被迫吸二手烟，被迫承受酗酒者的胡闹，真是烦不胜烦。为了个人形象，为了身体健康，为了家庭美满，为了社会和谐，请少抽少喝，或者干脆不抽不喝。

以上种种，都会让人们的免疫力下降，健康状况持续走低。更可怕的是，人们还容易产生讳疾忌医的思想，总想挺一挺、忍一忍。人体有时候十分坚强，能够一直坚持下去，直到人倒下那一刻……

人们常把人生比作一个长长的故事，有些人的故事十分精彩，就像传奇；有些人的故事有些平淡，但细水长流也有各自的美；有些人的故事大起大落，带点惊险；有些人的故事从低谷到高峰，十分励志。在这么多的故事中，最可惜的便是那些突然落幕，他们无一例外因健康问题提前结束了生命，人们总是忍不住设想，倘若他们正常地生老病死，他们的故事将会有怎样精彩的后半部？

每个人的人生都只有一个故事，我们唯一应该努力的就是讲好自己。珍重自己的健康，是为了得到更多的时间、更多的精力、更多的机会来扩展、完善、继续自己的故事。只有一半的人生即使精彩也不完美，只有完整的，才是最好的。

健康是1，其他的一切都是零。不少现代人感叹，赚了不少钱最后给了医院，不是在治病就是在疗养，何苦呢？但要让他们真正认识到这一点，真的能认真对待健康问题，又有很大难度。人们总是好了伤疤忘了疼，能懒一会儿是一会儿，也不太懂得享乐和饮食的节制。他们不明白，身体健康也是一种投资，根本不应该等待他人或疾病来提醒，更不要说国家的法律。

投资，无论何时都是热门话题。人们的思维正在转变，特别是年轻人，都知道把钱放在银行，利息少不说，还有可能贬值，不如去投资股票基金，回报率更高。运气好的话，还能赚不少。他们的投资思想十分狭隘，只看到"钱生钱"，不知道生活中的很多东西都能升值，能够带来金钱上的回馈，例如健康。

健康能回馈给我们多少东西？延缓衰老就是延长事业期，不生病就节省了时间和金钱，精力充沛保证了我们的工作效率，良好的身体状态让我们有勇气做任何想做的事。这些都是金钱买不来的东西。所以，一定要关注自己的健康。

从每日的时间里抽出一些交给锻炼。

从每月的工资里支取一些交给养生。

改掉一些不良习惯，确保身体的正常运作。

投资健康，一本万利，你可以很快看到效果，而且受益终身。

03/ 你熬的不是夜，而是生命

阿涂是一个正在试用期的网站编辑，他很满意应聘的这家公司，有意在上司面前好好表现，争取3个月后留用。白天，他忙得脚不沾地，就是为了给上司留个"认真""勤快"的印象。就连晚上，他也煞费苦心，不但主动加班到半夜，还拍了工作台和泡面的照片发到朋友圈，说一些"今天仍在努力工作"之类的感慨。试用期内，他拍了不少这样的照片。他知道不但朋友会看到，上司也会看到。这样勤劳的员工，怎能不会被留用？

没想到3个月后，公司并没有和阿涂签合同，和他一起试用的两个新人留了下来。阿涂大为恼火，他认为自己不论能力还是用心，以及加班的频率，都超过另外两个人，为什么留用的不是他呢？他百思不得其解，鼓起勇气给上司发了一封邮件，询问原因。

上司爽快地回复了他。原来，问题出在发在朋友圈的那些加班照片，上司说，公司并没有给新人太多的任务，只要用心，根本不需要加班去做。会加班，说明阿涂效率太低，这样的人不适合当网站编辑。

聪明反被聪明误，阿涂哀叹一声。看来，他不得不重新思考用人单位的标准。

这是一个关于"弄巧成拙"的职场小故事，可以给我们很多启示。最大的启示并不是工作态度真诚与否，而是公司究竟需要员工做什么。老板不是吸血鬼，公司也不是为了压榨员工血汗才存在，用人单位并不需要你废寝忘食、日夜颠倒，只需要你按时完成自己的任务，换言之，他们需要的是效率。

站在老板的立场来看，一个1小时完成工作的人和一个10小时完成工作的人，孰优孰劣，一目了然。那些不断加班的人未必讨得上司欢心，而高效率的人走到哪里都受欢迎。所以，与其熬夜拼身体，不如研究如何提高工作效率，节省时间和精力。

"没弄完，只能熬夜做了。"

"我已经3天没好好睡觉了。"

"工作没做完，睡不着。"

我们常听到这一类的话，也许自己也半是埋怨半是邀功地说过。如果我们愿意仔细分析，有多少人工作没做完，是因为拖延、因为方法不对、因为不够重视？恐怕有一大半！但是，熬夜就有用吗？熬夜的"熬"，已经说明夜间工作的低效率和对健康的损耗。

劳累一天还要加班，效率降到最低，此时工作几个小时，恐怕也比不上休息充足后的1个小时，熬夜划算吗？

工作到三更半夜，睡上几个小时便匆匆上班，第二天效率持续下降，任务依然完不成，回家后继续熬夜，恶性循环，熬夜能保证工作质量吗？

熬夜久了，精神头越来越差，提神靠香烟和咖啡，赶任务靠继续熬夜，身体状况持续下滑，生物钟紊乱，皮肤和身体器官一起出问题，熬夜有好处吗？

很多人都知道熬夜有危害，其实他们并不知道这个危害究竟有多大，甚至天真地以为只要第二天把睡眠补上，这个危害就不存在。熬夜对皮肤、大脑和胃有很大伤害，也会给其他器官带来压力，这是补不回来的。而且，熬夜会掏空你的精力，你的体力和抵抗力会越来越差，直到免疫系统崩溃。

可见，在各种工作习惯中，熬夜是最有百害而无一利的一项。倘若一个人能在工作时专心致志，他的效率就能提高；戒掉拖延，有事马上就做，效率依然能提高；合理安排时间，各种工作按难易轻重程度交替进行，效率还是会提高；注意休息和锻炼，保持身体的活力和头脑的清醒，效率依然会提高。

如果做到这些，你还需要经常熬夜，那就不是你的问题，而是公司的问题了。赶快跳槽离开那个地方吧！

04/ 高效的工作需要劳逸结合

工作自然需要认真努力，但是真正高效的工作还需要劳逸结合，这就需要我们合理分配休息与工作的时间。

关于休息，人们有三种思维误区。

工作与休息截然分开

这类人的思维比较古板，丁是丁卯是卯，该工作的时候，休息就是怠工、耽误进程、注意力不集中，他们在工作时保持百分百的专注。可是，这种专注通常很难持续太久，他们比旁人更容易劳累。一般来说，被工作累垮的多是这样的人。

工作与休息含混不清

这类人经常把"劳逸结合"放在嘴边，其实他们根本搞不清楚什么时候该工作，什么时候该休息。他们经常在工作时间聊天、打游戏，然后不得不占用休息时间加班，弥补进度上的不足。他们看上去很轻松，实际上却延长了不少工作时间，每天都很累。

工作为主，休息只是辅助

这类人根本没有休息的概念，他们只把休息当作工作时的必要停顿。也就是说，他们有休息的概念，知道什么时候该休息，但休息仅仅是为了工作，而不是为了放松身心。他们经常把工作带到家里、带到假期，他们就是传说中的工作狂，任何时候都在工作。

可以说，和休息最为息息相关的就是工作，二者相辅相成。倘若整天躺在床上，你不会觉得舒服，甚至会全身难受。适度工作以后躺到床上，你却能很快地入睡，睡眠质量还不错。这就是古语说的"一张一弛，文武之道"。想要张弛有序，就要摸清自己身体的节奏。

每个人的作息节奏都不同，有些人工作一个小时，休息半个钟头，能保证十几个小时的高效率；有些人工作半个钟头，休息五分钟，始终很精神。这是由一个人的精神状态和身体素质共同决定的，把握住规律，你就能最恰当地支配自己的时间，提高效率。

给自己一段时间，记录以下内容。

一天的哪段时间，你的头脑最清楚？

一天的哪几段时间，你特别容易疲劳？

工作多长时间，你开始感到明显的劳累？

一般的睡眠时间为多长？

哪些因素令你分神？

连续工作多久，你的注意力再也不能支撑？

午睡时间多久才能解乏？

锻炼多长时间，会觉得畅快轻松？

了解这些事，就可以开始制定自己的健康时间表。

首先确定一天的工作时间，一般人是8~10个小时。

把这段时间打散，插入休息、午睡、阅读等内容，午睡时间不宜太长，锻炼时间最好放在工作前和工作后。

锻炼要以身体畅快为主，放在睡眠和工作之间。

工作时，杜绝任何让自己分神的因素。

在头脑最清楚的时间里学习或做最难的工作。

在特别容易疲劳的时间段休息、散步或聊天。

尽量不把工作带回家中，加班尽量在公司进行，轻松的家庭环境不会带来效率，反而给家中带来忙乱的气息。

休息时尽量不要想工作，让自己放空。

周六、周日和长假期的时间表需要另外安排，除了锻炼内容不变，尽量不要把工作带入假期。一个忘记工作的假期，可以让你以最快的速度恢复元气，重新投入紧张生活。

此外，这张健康时间表不需要定到几分几秒，只需要你有个大致的掌握，尽量做到工作与休息穿插，保证一整天的高效率，甚至留出很多的个人时间，让你惊喜不已。掐着钟点的作息，会和工作一样让人紧张，反而成了另一种压力。

05/ 好好对待"胃先生"，他好，你才好

常言道，药补不如食补。

温温从小就有很强的养生观念，这是因为她的外公是一位老中医。外公去世早，温温的妈妈不是医生，却继承了父亲的一套养生哲学。温温家的饭菜特别讲究粗细均衡、荤素搭配，饭桌上几乎从来没有快餐类食品。温温小的时候，和其他小孩子一样想吃零食和快餐，妈妈偶尔会让她吃一次，不许她多吃。

工作后，温温在大城市独居，她依然保持着良好的饮食习惯，不管多忙，都不会放弃自己给自己做饭，每天水果、蔬菜、蛋奶、肉类平衡搭配。她的身材一直很苗条，身体也一直不错，很少生病。每当她看到不少同事买来各种维生素片和蛋白粉，甚至推荐她试一试，她就会语重心长地告诉他们："其实，只要你们好好吃饭，所有的营养全在食物里，何必吃这些药片。"

温温认为现代人的养生观有很大问题，明明好好吃饭就能解决的问题，非要买一堆药片和口服液；想减肥不好好运动，偏要吃减肥药和代餐粉；想要健康不注意膳食搭配，一味迷信补药。每当温温把自己的养生经验与人分享，却只是听到一堆"太忙了，哪儿有时间自己做饭""太累了，哪儿有时间运动""太复杂了，买着吃多方便！"

温温不同情这些人，他们就是懒！

你的家里有多少厨具？你的冰箱里放了什么？你的手机里有没有饮食类软件？

也许你和很多人一样，家里只有一口煮面的锅和几个碗，放在厨房里落灰；冰箱里放的是零食和方便食品，打开就能吃；手机里下

载了美食推荐类软件，你每天刷它，决定今天去哪里解决中餐和晚餐……自己做饭？太麻烦！不吃垃圾食品？那吃什么？为什么有这种生活习惯？方便！

这种饮食思维的实质，就如温温所说——懒。

因为懒，所以不注重生活品质，宁愿上网聊天也不肯自己做一顿饭。做一顿饭需要多少时间？快手餐的话，十几分钟就能完成洗、切和摆盘，其余时间根本不需要你站在厨房。相反，你搭乘交通工具寻找餐厅的时间，可比在家里做一道菜要多得多！快餐并不能为你带来多大方便，你只是懒得自己动手而已。

需要再说说自己做饭的好处吗？经济，在外面吃一顿的钱可以让你在家里美美吃上好几顿；干净，自己做饭不用担心地沟油和食品添加剂；营养，自己做饭会注重荤素搭配，能够全面补充营养……至于味道，做饭需要慢慢练，何况，家常味道是任何大厨都做不出的，它让你感到安心、舒适。

烹饪也是一种乐趣。做出营养又美味的食物，也会让人取得成就感。倘若将食物的形状做出美感，你会得到所有人的赞扬；倘若注意食物与容器的搭配，掌握器物之美，你的生活会更精致；倘若结合古老的养生学，注重应季饮食，再把食物与应季颜色的器皿搭配起来，你的生活又健康又高雅，会让所有人羡慕！

市场上的食物那么丰富，今天做一样，明天做另一样，搭配着各色水果蔬菜，多么健康。用几个小时煲一道营养汤；把很多食材切碎做美味的粥；用最健康的油炸出大虾和鸡翅；亲手煎腌了一个晚上的牛排；在烤箱里放半只鸡；每天早晨打热乎乎的豆浆……想想有这么多美食等待你去探索，你还想吃腻味的垃圾食品吗？

健康生活是什么？好好睡觉，好好吃饭，好好运动。善待你的胃，就是善待你的生命。今天回家就去超市买点青菜水果、新鲜肉类，再买一口好用的锅，学着经营自己的健康吧！

06/ 其实运动没有你想的那么累

　　说到健康，人们首先想到的当然是运动。谁不知道运动的好处？有氧运动让身体各个器官得到锻炼，促进人体循环，让人更健康；针对性运动塑造肌肉和身体线条，让人更加挺拔耐看；当运动成为习惯，人的精气神就会随之充沛，做事越来越专注，不像以前那么累；运动是对大脑的保养，适当的运动可以让大脑更加活跃；运动可以让人的睡眠安稳，还能让人的胃口变好，免疫力随之增加……运动的好处，说也说不完。

　　但是，又有几个人能坚持运动呢？在树木环绕、氧气充足的公园里做运动的，大多是退休的老人；清晨傍晚长跑的人越来越少——当然，这也和空气质量有关；健身房倒是很流行，但办卡的人来过几次，再也不见踪影；拉丁舞、健身操、瑜伽，各式各样和运动有关的课程也大行其道，同样有人三天打鱼、两天晒网。运动这么好，为什么人们提不起劲儿？

　　答案很简单，累啊。

　　现代人叫累的理由太多了。工作时间加上通勤时间，足有10个小时以上，一天的精力消耗一空，回到家只想躺、想玩、想轻松，谁还想和哑铃、健身毯、跑步机混在一起，更不想起来穿上运动服、跑鞋再出一趟门。累，从四肢肌肉到大脑中枢，全身上下都散发着这么一个信号，再去运动40分钟，明天还能不能起床了？

　　大多数人不重视锻炼，他们认为躺在床上才是最好的休息，或者，看看电视，打打游戏，才是放松身心的好方法。身体总是在工作间里蜷曲着，四肢得不到舒展，肌肉得不到锻炼，心血管得不到有益的扩张，就连呼吸的空气也是污浊的。长此以往，神经倦怠、皮肉松软、器官疲惫、人的精气神跟着松弛下去，健康，日渐远离。

"其实运动没有你想的那么累。"

这句话几乎成了健身教练Andy的口头禅，他对每一个他负责的学员反复说，也经常督促自己的家人。Andy为人老实和善，他设计的循序渐进的减肥方案很受学员欢迎，有学员减肥成功，将对比照发在网上，还热心推荐了Andy，结果，来健身中心指名Andy当教练的人大增。让Andy头疼的是，能真正坚持下去的人并不多，他总是苦口婆心地教导学员一定要坚持，他还开了个微信公众号，指导更多的人在生活中进行自主健身。

Andy说："人们把运动想得太复杂，总觉得运动需要占据大量时间，还会影响体力，而且必须坚持，不然会反弹。其实运动本来就应该是日常生活的一部分，是人的一种习惯，结果现代人反而把它放到对立面，当成了任务，这种心态根本不对。"

一个很少运动的人刚开始运动的时候，的确要面对很麻烦的局面。太久不舒活的筋骨突然拉开，带来难以忍受的酸麻疼痛，一次运动下来，腰酸背痛持续好几天，手脚都变得沉重，这种情况让很多人退却了，他们本来就累，不想再增加身体的负担。而且，这负担还要持续至少一周以上。现代人大多没耐性，连疼3天，就能让他们找到不运动的理由。

但如果坚持下去，变化就会发生。最显著的就是身体已经记住了当前的运动量，开始自行调整，各个部位的承受能力开始增加，人没有那么累了。而且，运动过后，汗液挥发，身体变轻，神清气爽，晚上入睡变得容易，第二天的精神也特别好，工作也没那么累了。

大约过了3周，身体似乎已经形成了一个运动生物钟，每到锻炼时间，就有想动一动的冲动，连头脑都会释放运动信号。不用别人提醒，自己就会爬起来穿上鞋往外走，跑几分钟，身体就调整到舒适的运动状态，整个人也沉浸在有规律的动作中，不会像以前一样老想着"怎么还不结束"。

当运动成了习惯，坚持并不费多大力气，只要不中途长时间停止，每个人都能坚持下去。Andy一直这样说，他鼓励他的粉丝们一定要动起来，动下去。他的家人们在他的带动下，已经把锻炼当作日常生活的一部分，就算星期天也没人睡懒觉。这一家人神采奕奕，很少生病，让小区的很多人羡慕。Andy把他和父母、妹妹的照片贴到微信公众号上，鼓励更多的人参与运动。

运动最难的地方在于坚持，我们都有过兴冲冲制订健身计划的经历，从最初的雄心勃勃到最后提也不再提，前后可能不到一周。"等我下定决心就运动。"很多人说过这句话，但很少有人能下定这个决心，可见运动多么需要决心，多么艰难。

但就像健身教练Andy说的，运动没有人们想的那么累。

人们对运动的误解和惧怕来自内心对自我的了解。如果只是最初一段时间的累，很多人都能熬过去，人们最害怕的其实是坚持，运动不能断，一旦中途停止，就很难再下定决心重新运动，这似乎是一条定律。可是，想到要把一项活动坚持几十年，谁有这样的信心？那代表着自己习惯的生活，都会因为这个新的习惯而改变。

从此不能睡懒觉了，从此每天都要打卡似的完成运动，仅仅这两项，就让很多人望而却步。把运动纳入生活，会耽误休息，会有一种任务式的压力，这是很多人对运动的误解。运动的好处呢？可以带来的几十年的健康呢？他们不是不知道，只是他们还年轻，还有大把精力，还不想为健康操心。

现在我们能明白，为什么在公园里锻炼身体的大多是老人。不是他们觉悟高，而是他们到了必须锻炼的年龄，他们更能切身地体会到运动带来的好处，降脂降压，缓解病痛，让人更有精神，他们后悔没能更早地开始运动。难道我们也要等到这个时候，才开始加入运动大军吗?

　　不要让你的生命太被动，运动起来，你会发现它带来的益处远远超过身体上的那点劳累，它甚至是你加班加点、吃喝玩乐的重要保证。运动还有一个非常重要的特性，运动时，大脑会分泌一种多巴胺，它是一种能让你快乐的成分，会扫清你的负面情绪，让你有活力，运动起来，疾病、抑郁、烦躁、劳累都会远离你，这样一本万利的事，还不快去做?

07/ 永远不要做别人的"垃圾桶"

这难道不可怕吗？太可怕了！看看丹丹的遭遇吧。

丹丹，今年26岁，是朋友圈里有名的温柔姐姐，大家都夸她人好，性格温柔，值得信赖，有什么事都喜欢找她倾诉，说她"像姐姐一样"。起初，丹丹还为此得意，认为这是她的个人魅力。渐渐地，丹丹有点烦了。

她的朋友毫无例外的是一些极其需要倾诉的人，他们能打几个小时的电话哭诉鸡毛蒜皮的琐事，失恋——姑且算是人生大事、工作不顺、同事不好相处、租的房子不好、今天没带钱包、家里的猫总掉毛，不论什么事，都要对丹丹唠叨一番，丹丹有时听得想要打瞌睡，却不好意思打断，只能任由对方说下去，再说下去。

后来丹丹才明白，这些人并不是将她当作一个可靠的朋友，而是将她当作方便的情感垃圾桶，他们在她这里发泄一番，打起了精神。丹丹却被他们的琐事搅得头昏脑涨，影响情绪，还浪费时间。这难道就是温柔的代价吗？这代价也太惨了点儿。

如果请你来帮丹丹支招儿，你一定会慷慨激昂地说："让那些人走开！"但在现实生活中，你真的会这样做吗？多数时候，你和丹丹一样，心不在焉地听着别人的抱怨。你不想与人结仇，不想影响关系，不想给人留下不近人情的印象，你有这样那样的担心，只能无奈地听着，在心中积累着各种不满。

是时候仔细想想你的位置了！在朋友心中，你究竟是怎样的形象？试想一下，倘若你是个忙得脚不沾地的精英人士，谁好意思用张三李四的闲事打扰你？倘若你是个就事论事、坚持立场的人，谁会拿鸡毛蒜皮的小事来询问你？倘若你是个生活品质极高、杜绝庸俗的人，谁会把家长里短拿到你面前讨没趣？

明白了吗？你会成为垃圾桶，是因为你看上去很闲，性格又软，不敢得罪人，不会让他们有压力，这才是真正的原因。想要远离他们，要么狠下心拒绝，要么铆足力气树立自己较高的形象，让闲杂人等不敢轻易向你开口。

请记住，真正的朋友会考虑你是否繁忙，会在乎你的心情，会更加关心你的近况，而不是每次联络都只是单方面吐自己的苦水。对那些把你当作垃圾桶的人，别客气，趁早离他们远点，你的生活，不应该整天被别人的负能量包围，你要开始学着爱自己，对自己的人生真正负起责任来。

和什么样的人在一起，你就会有什么样的人生。同样的时间，同样的心力，为什么不去接近那些比自己优秀的人，学学他们身上的长处？为什么不去接触那些性格乐观的人，感染他们的活力？为什么不和幽默开朗的人一起玩耍，让生活充满笑声？试着和优秀的人在一起，你会发现向上的思维，超脱的眼光，以及另一种活法。

人生应该由自己决定。走什么样的道路，取决于自己的理想；有什么样的日常，取决于自己对生活的态度；每日的心情，取决于你和什么样的人走得更近。我们固然不能完全避免接近那些带有负能量的人，但我们可以保持距离，选择与那些具有正能量的朋友接近。当你变得积极、活跃、自信、宽容时，还可以用自己的形象来改变那些负能量携带者，这才是最有价值的人生。

Chapter 8 / 和所有喜欢的一切在一起，
并且毫不妥协

如果想要证明自己活过，活得无悔，就要和自己喜欢的一切在一起，爱你所过的生活，过你所爱的生活。要做到这一点，不难，就两个字，主动。不将就生活，不勉强自己，主动发现生活的美好和浓烈。为了这种生命状态，无论如何都值得一试，不是吗？

01/ "讲究"和"将就"是努力的差别

每个人都想拥有好的人生，硬标准是工作、财富和积极心态，而软标准有很多：三五好友、日常情趣、生活品位、见闻阅历、个人爱好等。可在现实生活中，很少有人满意自己的生活，即使那些看上去很成功的人，也总会在"你是否幸福"这个问题面前若有所思。人们总觉得生活有很多遗憾，失去了很多的东西，并不符合自己的想象，甚至认为自己的生活大部分都在"将就"。

因为不知道自己最喜欢什么，将就着选择还算舒服的；不知道目标在哪里，凑合着找一个工作先做着；不知道爱情的感觉，至少要有个过日子的伴侣。或者，知道自己最喜欢什么但觉得没能力得到，于是将就；知道自己想达到的目标却认为风险太大，于是凑合；知道爱情是什么但爱情的要求太多，干脆不再渴求。当人们放弃了追求，开始对现实妥协，他们的人生只能将就，最好的、最喜欢的和最适合的，被他们自己放弃了。

王经理家里最近装修，公司里的人都在谈论这件事。

王经理年过50岁，是公司的骨干，大家的领导，为人不但有能力，还特别照顾下属，大家都喜欢他。就连刚进公司不到两个月的新人，没见过王经理两次，却也知道他的大名。大家发现，王经理家的装修真是大费周章，他自己确定家装风格，还跑到设计部来找小年轻们商量颜色的搭配，让这些小员工受宠若惊。

这一天，大家在食堂里看到王经理兴致勃勃地浏览淘宝。王经理说，他也是最近才学会的，为的是找到合适的地板和瓷砖。他在建材市场跑了好几回，都没看到最合适的，网络的选择更多，他要试试看。

"王经理，您这也太麻烦了！"有人说。

"装修怎么能怕麻烦呢！"王经理说，"做什么都不能怕麻烦，怕麻烦就做不好了。"

"王经理，您真讲究！"有人恭维。

"讲究一点才舒服嘛。"王经理回答。

王经理家的装修进行了大半年，公司的人看到他每天也不耽误工作，一到闲暇时间去研究地板瓷砖，研究房屋格局，研究家具摆设，研究电器种类。他们越来越明白王经理为什么有那么好的精神状态，又有那么高的业务素质，这个处处认真、处处不将就的人，怎么会不好？

终于有一天，王经理家的装修结束了，他在家里拍了几张照片，发到朋友圈给大家看。大家颇为意外地发现，房子的整体效果并没有他们想象的金碧辉煌，但仔细看，就会发现处处透着舒服和用心，连壁纸的花纹也显得与众不同。他们不约而同地对比自己家那俗气的摆设，突然觉得重新装修的时候到了，自己也该"讲究一下"；那些还没买房子的小年轻更是羡慕不已，纷纷说要努力工作，将来一定要住"王经理那样的房子"。

讲究一些的人生，会给人带来心理上的成就感、满足感甚至优越感。那么为什么选择讲究的人那么少？在讲究和将就之间，究竟存在怎样的鸿沟？到底人们不愿讲究，还是不能讲究？这两者之间还真有很大一段距离，我们来详细说说。

讲究和将就代表了能力上的不同。这是客观存在的残酷事实，有些人有能力讲究，有些人没有，只能暂时将就。可是，有些人的将就是暂时的，他们会靠自己的努力一步步达到讲究；有些人一辈子都将就，并认为自己只能过现在的生活。所以，想要讲究，必须提高自己的能力，否则只能将就。

讲究和将就是努力的差别。很多人有能力讲究，但他们不想讲究，为什么呢？"太麻烦了！将就一下吧！"对，怕麻烦，这就是他们将就的原因。换言之，他们太懒了。懒惰思维就是这样形成的，不肯多走一步，不肯多费一秒，不愿多思考，不愿多尝试，当懒惰进入他们的骨髓，他们凡事都要将就，讲究的能力也渐渐退化。

讲究和将就是价值观的不同。有些人始终在追求更高的目标，所以越来越讲究，讲究几乎快成了大人物们的专利。而普通人总想将就，他们满足现状，认为自己的能力和自己的生活相匹配，宁愿不那么讲究，不那么累。安于现状的思维方式一旦形成，人们很快就会发现什么事都可以将就，只要接受，人们总能在自我安慰中找到一点舒适。

当一个人安于现状、总是怕麻烦时，他会不会有好的人生？答案显然是否定的，他会经常羡慕别人，经常对自己生活中的寻常小事产生不满，经常觉得自己的人生缺乏光彩。你想成为一个这样的人吗？如果不想，就赶快讲究起来。讲究更有发展的工作、更有效率的工作方法、更高的生活品质、更好的自我形象、更和谐的人际关系、更舒适的心境……你会发现，你的生活急需改造，只有在讲究中，你才能以最快的速度进步！

杨先生曾试图把"将就"上升到生活哲学层面。他说："人生的欲望不能全部满足，学会将就才能知足常乐。"对那些不肯将就、屡屡碰壁的人，他同情地评价："有时候妥协也是一种艺术，世界上没有超人，学会与环境和平共处，才能双赢。"对那些标准过高的人，他说："有些人把将就当作退让，当作软弱，这是因为他们不只看到自己的目的，而忘记了他人的状况，他们的标准更像吹毛求疵。"

这些似是而非的理论还真影响了他的一些朋友和学生，有人还把他的话当成签名放在QQ上。人们苦闷了，委屈了，自卑了，失败了，就从这些话里找点心理上的平衡。只有白先生根本不吃这一套，甚至公开说："欲望不满足是因为目标没定对，妥协是因为能力不合格，高标准是为了让生活和自己一起进步！"

杨先生和白先生吵了起来，好不热闹，朋友们忙着做和事佬。私下里，他们问别人也问自己："更同意老杨，还是老白？"有人羡慕杨先生处世谨慎，生活顺利，心态好；有人更倾向于白先生的精英生活，以及越来越大的事业。可是，有几个人有白先生的能力？于是人们又一次赞同了杨先生，继续把他的话当作签名。

究竟什么决定了一个人是否将就着生活？答案很明显，心理。说得详细一点，人对压力的承受能力，决定了他是否有更高目标，是否愿意改变现状，是否愿意承担更大责任，是否能够面对更大风险和更多困难。有决心才敢付出，有付出才有收获，真正的成功者都是有决心的人，关键就是"心"。

生活中，压力无处不在。掏出钱包就能感受到物价的压力，拿起电话就能感觉到人际的压力，打开电脑就有工作的压力，星期天的傍晚感觉到下一周的压力，听到报时感觉到时间流逝的压力。生活太快了，没有人能不紧不慢，当别人快步行走，你怎么能散步，或者停下来呢？只能唉声叹气地拖着步伐继续走。

走在前面的究竟是一些什么样的人？他们当然不是长跑选手，但他们很愿意参加人生这场马拉松，并有获胜的意愿。他们或者想要试验一下自己的能力，为自己定下目标；或者要求自己必须跑完全程，磨炼毅力；或者直奔第一名这个桂冠。所以，他们主动地跑、飞快地跑、有计划地跑，他们一步不停，只为早日到达终点。于是，人们看到他们身上具备了以下特点：计划性、参与性、高效性、持续性。

其余的人呢？他们被迫参加一场长跑，比赛还没开始就觉得累，想到需要用那么长的时间甚至希望退赛，跑几步就想休息，恨不得道路封锁使所有人不再比赛。他们拖啊延啊的，把休息当作目标，所以总是跑不快。一旦身体的疲倦袭来，就抱怨起来。可是，参赛的压力还在，只能继续慢吞吞地跑。于是，人们看到他们身上有以下特点：

磨洋工、不开心、不认真、得过且过。

跑得慢的人时时感受到压力，看到跑在前面的人，压力就会更大。他们从未想过，倘若全神贯注地跑步，压力就会不知不觉地被遗忘，心理负担也会减轻，随之而来的是拼搏的激情。不论结果如何，都会感觉到超越自己的自豪。倘若不能体味这种自豪，一个人也无法想象动力究竟是什么。与其学着和压力"友好相处"，不如学着如何战胜它，与动力交个朋友！这样的生活，肯定不会将就。

02/ 认真对待你的工作，要干就好好干

现代人最大的问题，就是脑子里只有工作，没有事业。

大多数人并不把工作当作事业，工作只是他们养家糊口的工具。那么事业在哪里？他们会说这个问题不务实，有多少人有事业？事业只属于大摊子的成功者，不属于为了柴米油盐奔波的小市民。由此衍生的思维更加可怕，他们认为只有事业才需要努力，而工作只需要将就。所以，他们总是将就着工作。

秀秀也曾经是一个没有事业的姑娘。

秀秀初中毕业就没再上学，在亲戚开的一个小餐馆里干杂活，从记账到刷盘子、倒垃圾，每天忙得脚不沾地。她年纪不大，却也知道为自己的出路发愁。她的一个在高中教书的伯伯建议她不要继续待在小餐馆，去大酒店应聘试试。

老实说，秀秀真有点不情愿。小餐馆虽忙，开餐馆的亲戚对她却非常照顾，工资也不吝啬，比起同龄的那些女服务员，她的工资真不算少。不过，她还是听了伯伯的话，进了一个连锁饭店打工。她的工资一下子低了一半，父母都抱怨她，亲戚也说她傻。她想来想去，还是听伯伯的话——念书不多的人对读书人都有点迷信，她也是。

她在连锁饭店下属的一个小饭店打工，开始日子真是不习惯。每天一大早起床，听领班讲课，练习微笑。所有女服务员的头发必须盘得一丝不苟，就连笑容都有要求，必须露出八颗牙，服装不能出现油渍，走路也要挺胸抬头，不能失了仪态。一天下来，秀秀累得够呛。

但这只是基本要求，她还需要练习把调味罐擦得一尘不染，把每一张椅子摆得整整齐齐，甚至连声音都有要求——绝对不许大声说

话，对客人要柔声细语，哪怕客人不讲理，也要把他们哄得开开心心。秀秀不禁怀念起她在小餐馆的生活，那时候她想穿什么就穿什么，想说什么就说什么，哪里有这么多规矩？

更让秀秀不解的是，这间分店地理位置偏僻、客人少，为什么还要这么严格？领班却一丝不苟，不断提醒她们务必做到认真、微笑，有段时间，一听到大门有响声，秀秀反射性地露出微笑，倘若她笑得不及时，就会被领班责骂。

偏僻的分店生意渐渐好起来，有时候人们宁愿绕路，也要来这家饭店吃饭。这里有明亮的就餐环境，周到的服务，温柔的服务员，食物美味，餐具干净。价格嘛，稍微贵上一点儿，但客人们依然觉得值。秀秀拿的工资虽然不高，却也渐渐喜欢上了这里的气氛。更重要的是，这个刚过18岁的小姑娘学会了自我管理，这太重要了。

一转眼10年过去了，当年的小姑娘已经调到了总店工作，享受着高薪和良好的福利待遇，她也成了一个成熟的经理，不但能给小姑娘们讲意味深长的职业课，还能处理客人的刁难，以及饭店的各种业务。她会把自己的经历告诉给那些初入职场的新人，告诉他们服务的意义是什么——不只是为客人提供高质量的食品和良好的心情，更重要的是，每一个微笑，每一个贴心的举动，都是对个人形象的维护，对事业的经营。倘若不能认真对待每一个细节，人永远不会进步。

工作就是事业，事业就是工作。如果每一个现代人都有这种意识，他们的生活至少能再提高一个层次。可惜，太多的人简单地把工作和工资画等号，他们也幻想能有自己的事业，那些蓝图非常迷人，只有极少数人实现过。换言之，他们不甘平庸，又没有做大事的能力，如此好高骛远，只能高不成低不就。

故事里的小姑娘早早地明白了自己的水平，她最初的梦想不过是当个服务员，有一份稳定的工资。她是幸运的，在那家连锁饭店的员工教育中，得到了事业的启迪，得到了规范的训练。一个有了目标又知道方法的人，完全可以通过自己的辛勤劳动，一步步经营自己的事业。反之，她就只能是一个小服务员。

我们的目标在哪里？我们是否有方法？其实每一个拥有正规工作的人，都可以像这位姑娘一样，以工作为事业，以做好工作为目标，公司有现成的管理，前辈们搭好了向上的梯子，你需要做的只是努力。倘若你想得到更多，就要比别人更努力。

千万不要将就事业，应付工作。总有人抱怨自己的工作没有技术含量，太琐碎，没有前途，世界上真的有完全没有前途的工作吗？一个小职员可以成为CEO，一个销售员可以成为大老板，一个基层公务员可以成为市长、省长，一个幼儿教师可以成为特级教师，一个实验员可以获得诺贝尔奖……如果一个职业完全没前途，不需要你来哀叹，它早就自行消失。还存在的职业，一定有前途，你觉得没有，是因为你不够优秀，不肯努力，将就应付。

你应付的不是一份简单的工作，是你的事业，是你生活的重心。你每天最重要的、最长的、最宝贵的时间都耗在它身上，可是你却只想消磨完8小时，一会儿想摸个鱼，一会儿又偷个懒，你的工作效率不会高，别人对你的评价不太好，你当然不会有前途。同样的工作，同样的时间，有些人先提高效率，用剩下的时间不断充电，不会就学，不懂就问，渐渐地，这些人成了你的领导，成了大公司挖走的对象，你还在抱怨自己没前途。

可以说，当你以将就的态度对待你的事业时，你的生活已经在滑坡，你的收入也无法大幅度提高，你的素质无法有根本性改变，你的前途无法远大，你的格局无法开阔，你未必是旁人眼中的失败者，但总是伴随高不成低不就的挫败感。这一切都是你的自作自受，想要避免这种情况，现在就认真对待自己的事业吧。

03/ 找到你真正的爱好，并坚持下去

2007年，一个29岁的美国青年约翰·马卢夫在拍卖会上看到一个箱子，箱子里有一堆黑白底片，将近10万张，还有2万张幻灯片和一些胶片。马卢夫用400美元买下这些东西，他只是抱着看一看的心理，并没有对这个普普通通的箱子抱有太多幻想。

但是，当他不断看着冲洗出来的照片时，他有一种震撼的感觉。这些黑白照片拍摄于几十年前，拍摄地点是芝加哥，他看到了芝加哥的公园，看到了电车上的情侣，看到了街边的小孩，看到了那时的天空、房屋、花草、人物、生活……

这种巨大的感染力显然不是一个普通摄影师能够达到的。很显然，摄影师有极高的天赋，擅于构图，也擅于捕捉平凡生活中闪亮的一瞬间。更多的照片被冲洗出来，马卢夫也在照片的影响下买了摄影器材和摄影教材，当他试图拍摄照片，他发现摄影并不简单，他又一次确定箱子的拥有者是个摄影天才。

他开始在网络上发布这些震撼人心的照片，网友们也被感动了。如今，摄影器材不断更新换代，发烧友层出不穷，这样的好照片却不多，何况，这些只是用最简单的相机拍摄的黑白照片！所有人都有这样的疑问：这些照片究竟是哪位大师的作品？

"大师"的身份渐渐清晰，她叫薇薇安·迈尔，生于1926年，于2009年去世。她不是摄影师，是一个保姆。有时间的时候，她喜欢拿着她的照相机在芝加哥街头，拍摄那些她感兴趣的画面。她没有意识到自己的艺术天赋，这些只是她的爱好。照片并没有给她带来任何收益，贫穷的她为了支付房租，才卖掉那一箱子底片。

　　一个平凡得不能再平凡的女人，没结过婚，没有爱情，从未把照片展示给他人，甚至自己也没有看过所有的照片。但能说她什么都没有得到吗？她在不断寻找、拍摄的过程中，发掘着生活的美，记录了城市的历史。如今，薇薇安·迈尔这个名字成了一个传奇，也成了公认的伟大摄影师。接踵而至的荣誉虽然不能让去世的人得到安慰，但她的故事已经被每一个美国人熟知，她让人们突然意识到，一种持之以恒的生活方式，是多么有意义。

　　将自己的爱好坚持下去，究竟能得到什么？能得到金钱吗？也许能也许不能，至少薇薇安并没有得到。能得到名声吗？也许能也许不能，很多大师在死后才声名鹊起，根本不知道自己有多大名气。能得到他人的崇拜吗？也许能也许不能，就算是名人，也不是所有人都知道、都崇拜……如果你的爱好只是想得到这些，那么你失败的概率很大。

　　但爱好又不是毫无价值的，不，它有极大的价值，甚至能够改变我们的人生。它让你生活中的很多个瞬间都是充实的、有颜色的，它让你积极、让你主动、让你快乐，它代表生命的激情，让你发现在平淡的人生中，你可以建一个自己的心灵乐园，你可以在那里充分领略自己的才能，在这个乐园里，你是唯一的主人，你的领土还会不断扩大。

　　这才是爱好的意义，它既然起源于一个人对某种事物的兴趣，就必然是内向的、自我的，而且是非功利的。当薇薇安拿着相机走在芝加哥街头，寻找一个好的拍摄角度，看到一位漂亮或有趣的模特，捕捉到一个生意盎然的场景，她比街头的任何一个人都要开心。尽管摄影没有给她带来境遇上的改变，却让她的心灵始终充满活力。

　　很多人没有真正的爱好，他们曾尽量去尝试，想找一个打发时间的娱乐项目，可是，没有什么能吸引他们，他们也浅尝辄止，不肯深入了解。这种停滞有两个方面的原因，一来他们并没有找到真正适合他们的爱好；二来他们不肯深入，还没有发现事物的真正乐趣所在。所以，人们必须不断尝试，才能找到真正适合自己的爱好。甚至，最初不那么喜爱的东西，长期接触后，会发现它成了生活难舍难分的一部分，成了爱好！

接下来就是坚持，这才是最难的。爱好带来花朵般新鲜的感觉，也会带来孤独和苦闷。当自己的爱好没有人理解，自己的成就没有人赞美，自己的付出没有任何褒奖，人们就会怀疑其价值。这个时候，必须相信爱好的主要价值是心灵上的，而不是世俗上的，它的主要作用是让我们的心灵更加安稳充实，而不是让生活更加富裕。有这种认识，才能坚持下去。

苦闷也会随之而来，爱好可能会给我们带来许许多多志同道合的朋友，也可能让我们更加孤独。当我们无人交流、不知如何进步时，又会对爱好产生怀疑。这个时候还是要放平心态，爱好一件事物，本身就是灵魂与事物的交流，尽力理解，尽力做得更好，从中得到乐趣，才是我们的主要目的，不要把爱好想得太复杂。

爱好倘若脱离了坚持，就不是真正的爱好。三天打鱼，两天晒网，那只是娱乐。所以，当你发现一件事情强烈地吸引你，当你已经把它纳入自己的生活，就一定要告诉自己坚持下去。随着爱好的深入，你会发现生活因爱好而多姿多彩，庆幸自己认识了这一事物，你的生命也将因它而不同。

04/ 一辈子那么长，为何凑合着爱

在一切和"将就"有关的行为中，"将就"爱情最痛苦。

朴女士曾有一段刻骨铭心的恋爱，可惜她和男友性格始终不合，终于分手。分手后的几年，朴女士慢慢走出了失恋阴影，她一直单身，直到年近30岁，才在父母的催促下开始考虑婚姻。经朋友介绍，她与陆先生相识，两个人都认为对方很适合结婚。一年半后，他们走入婚姻殿堂。

朴女士不习惯婚姻，她感到处处都是束缚，总觉得不自在。朋友们安慰她："习惯了就好了，一开始都这样。"她自己也这样认为。她试图调整自己的心态，试着接受对方的生活习惯和爱好，试着与陆先生相互了解，做这些事的时候，她当作一种义务，根本没有多少动力，更不要说激情。

婚姻生活平淡如水，两个人渐渐厌倦，有时候各自去找朋友聚会，厨房的炊具落了一层灰，没有人愿意做一顿饭。渐渐地，两个人开始争吵，开始指责对方没有责任感，互相数落对方的不是，一点小事就能动气，谁也不愿和解。朴女士知道，他们的婚姻里缺少"爱情"这个基础和润滑剂，看上去相安无事，却很容易瓦解。

他们的婚姻还在进一步恶化，偏偏陆先生是一名正在上升期的公务员，认为离婚会给事业带来伤害，他们只能拖着、挺着。他们想过生个孩子增加家庭的气氛，维系二人的关系，又不约而同地否定了这个添乱的想法。朴女士说："后悔，一个人的时候最多寂寞，现在可好，两个人互相折磨着对方，又根本没勇气分开。"

他们谁也不知道，这段婚姻还有没有出路，他们会面对什么样的结果。

人们总是有理由选择一份将就的爱情。

他们会说到压力，来自父母亲人的催促，来自社会的猜测，来自朋友们的劝告，到了该恋爱、结婚的年龄，单身似乎成了一种错误、一种怪异。为了对抗这种压力，很多人会选择一个"差不多"的人，只要不烦、能沟通，就相信能和对方过上一辈子。

他们会说到日久生情，说到在古老的社会，没有见过面的两个人，也能恩爱地过上一辈子。但他们忘记了古老的社会人们遵循着共同的情感守则，在急剧变化的时代，这种守则早就成了"昨日黄花"。过去的人没有选择，现在的人有太多选择，所以他们不会努力地在一个将就的对象身上发现惊喜，而总是把目光投向外界。也就是说，从认定对方是个备选项开始，感情就已无处生根。

他们会说到孤独，一个人的生活终究是孤独的，想要找个伴儿，想要有个人共同承担压力，还要想到没有孩子的晚年。于是，很多男女仅仅抱着"建立一个正常家庭"的想法走到一起。可是，没有真正的感情，就没有真正的理解和包容，矛盾产生就会扩大，将就的爱情，害了自己，伤了别人，最后变成怨恨，让两个人痛苦。

将就的爱情味同嚼蜡，既没有甜蜜和喜悦，也没有大起大落的痛苦让人难忘，只有麻木琐碎的生活，也许还伴着不间断的争吵。这是因为不论维持感情还是经营婚姻，都需要大量的时间和精力，学会付出，学会迁就，学会让人开心，学会压下不满……每个人都会想："我有什么理由为一个不爱的人，做这么多的事？"所以，这样的爱情注定失败。

倒不如把这些心思用在工作上，得到的成就是自己的喜悦；把这些努力用到赚钱上，存款的增加就是养老的保证；把向往爱情的心思用来发现自己真正喜爱的人身上，相信总有属于自己的那一份缘分……记住，如果不能把精力放在真正喜欢的人身上，就把它们全都放在自己身上吧。只有这样，你才能维持活力和优秀，也许你的缘分就在不远的地方等着你。

05/ 不将就的理由只有一个——"我喜欢"

约翰从小就喜欢踢足球，他参加过学校的球队，曾在中学比赛上大出风头，他每天都会练习足球，父母认为他会成为一个足球运动员，他有自己的粉丝团和后援网站，就连他自己都幻想过有朝一日进入足球俱乐部，成为一名球星。

除了足球，约翰还喜欢学习数学，他的数学成绩一直名列前茅，他认为数学也是他的一大爱好，进入一所不错的大学学习数学、经济或者计算机，都是不错的出路。他也想过今后当一位研究员，或者一位教授。

约翰是一个早熟的人，他早早开始规划一生的事业，却发现不论数学还是足球，都不能满足他对未来职业的想象，他希望他的未来职业是自由的、能够接触大量人群的、需要不断学习的、收入稳定的、有不错社会地位的，最重要的是，他必须喜欢这个工作。

他开始寻找适合自己的职业，他当过销售员，办过网站，做过讲师，当过公寓管理员，他换了十几种工作，却没有遇到最理想的那一种。但他从不灰心。约翰认为在遇到最喜欢的职业之前，一定会遇到不那么合适的，他享受尝试的过程，并把它们当作经验来积累。

一个偶然的机会，约翰接触了心理学，他被心理医生这个职业迷住了。他认为自己终于找到了合适的职业，这个职业看上去和他之前的爱好毫无关系，却能够满足他对理想职业的想象，而且，能够帮助病人走出心理危机，让他得到空前的成就感。他认真地学习、考取资格证书、实习、开诊所，如今，他已经是一位有名的心理咨询师，他写的书也在国内热销。

　　每个人都想做自己喜欢的事，却很少有人愿意改变自己的生活，他们甚至来不及发现自己究竟喜欢什么，就糊里糊涂地将就着既定的生活。有些人会问自己："这是我想要的生活吗？"他们未必能得到答案，生活本来就不是一帆风顺的，谁也不能因为一时的不如意，就从根本上否定生活。但是，倘若他们问的是："这是我喜欢的生活吗？"他们会立刻看到自己的内心。

　　也有很多人明知自己不喜欢某种生活，却不知道如何离开，也不知道离开之后能做什么。其根本原因是他们还不知道自己喜欢什么。很多人会抽象地描述自己的喜好："轻松的""刺激的""能激发想象的""充满挑战的"，但他们无法将这种喜好落实在一个具体的职业、一项具体的活动或一个具体的人身上。

　　为什么人会不知道自己的喜好？因为他们尝试得太少，在有限的活动内无法找到自己喜爱的东西，又因为懒惰、懈怠、失望、恐惧不再去尝试。人们有各种不去尝试的借口，不能打破现状的生活，没有时间，不想冒险，生存压力，父母期待……将就的理由总是那么多，而不将就的理由只有一个——我喜欢。

　　只有"喜欢"才能维持持久热烈的感情，才能让人变得专注，才能让人主动充实自己，才能让人期待未来。从事自己喜爱的职业，能够让人投入百分百的精力，进而取得成就。

　　事业是多数人生活的重心、价值的体现，所以想要过不将就的生活，首先要搞定自己的事业。趁着年轻，你应该去闯、去试、去体验，找到真正喜欢又能发挥特长、激发热情的工作，而不是早早定下自己一生的轨迹。有了合适的职业，你才能最大限度地发挥你的价值，取得成就，你的生活也将因此变得积极而多彩。

06/ 喜欢的就去争取，不要怕辛苦

有段时间，"虚荣""爱名牌"这类的评价伴随着小俞。小俞是公司的新人，她家境一般，工资低，学历也一般，却很会省钱买一双名牌鞋或一个名牌包。公司里的老大姐们经常劝小俞务实一点，同龄的女孩子每天穿着光鲜的时装，也劝小俞不要太迷信名牌，"你看我们用的，不比名牌差，却比名牌便宜了三分之二"。

但小俞依然我行我素。小俞喜欢这些产品传达的设计理念和生活理念，她愿意把普通女孩花在穿衣打扮和娱乐上的钱，全省下来贡献给喜欢的东西。

她的衣橱渐渐充实起来：一件合身而舒适的内衣让她感到轻松和优美；一双合脚又美观的高跟鞋让她走路很少劳累；一件低调又奢华的礼服让她能在社交场合不逊色；一件剪裁好布料也好的定制职业装让她能胜任几乎所有场合；一款大方又耐用的手提包省却了搭配的烦恼……她知道自己喜欢的不是名牌，而是这种简单却舒适的生活。

小俞没想到，这些名牌还有很多附加作用。因为她的穿着，在陌生的场合，人们往往高看她一眼。特别是她的客户，因为她得体又价值不菲的着装，增加了对她的信任感。就连在公司，人们看她的眼光也渐渐不一样。这就是名牌的"附加值"，它们不但提升了一个人的形象，还带来了无形的尊重。小俞说："她越来越能体会这些东西的重要，不是虚荣，而是一种自信的立场，只有渴望更高价值的事物，才能有相应的努力，得到相应的成就……"

不将就的人有一个显著的标志：他们会不顾他人的议论，一心争取喜欢的东西。

　　这些东西是所有人都喜欢的，更体面的服装，更舒适的器物，更好的代步工具，更时尚的娱乐，更新潮的电脑或手机……不要以为想要某些东西就是虚荣，就是物质化，我们的生活哪里离得开物质？想得到更好的东西，只是人生进阶的一个外在标志。只要不被物质生活绑架，这些目标完全可以让我们的前进步伐更加直观，也让努力更加有成效。

　　有一个小姑娘，她出生在一个普通的非裔家庭。十岁时她跟随父母到首都华盛顿参观白宫，却因肤色被拒，她平静地告诉父亲："我现在因为肤色而被禁止进入白宫，但总有一天我会在那里。"开明、智慧和勇敢的父母十分赞赏女儿的勇敢志向，在父母的教化下，她认识到：所有人都是平等的，谁也不应该由于他们所属的种族而受到歧视或偏爱。任何人都不是通过肤色或性别来决定的，而是通过个人的自身成就。每个人的幸福都是由自己创造的，只要你努力就能改变自己和命运。

　　起初小姑娘的梦想是做一个有才多艺的人，她迷恋上了花样滑冰，为了练习滑冰，每天早上五点多起床，滑冰后去上学，放学后还坚持练习钢琴。她日夜刻苦练习、演奏，终于获得美国青少年钢琴大赛第一名，15岁时进入丹佛大学拉蒙特音乐学院学习钢琴演奏。人们似乎看到一颗钢琴演奏的新星正冉冉升起。但在她17岁时，她发现自己喜欢上了政治学，于是改了专业，修美国政治学。在此期间她发奋学习，积累知识，增长才干，26岁时她已经成为斯坦福大学的讲师。1993年，她出任斯坦福大学教务长，是该校历史上最年轻的教务长，也是该校第一位黑人教务长。

　　不过，年轻的她没有就此止步，她一直致力于对俄罗斯的研究，对俄罗斯的政治有着全面而深刻的理解，对俄军在东欧部署情况了如指掌达到了令人吃惊的程度。这引起了当时美国总统老布什的注意。在2000年美国大选时，她始终担当小布什的"女军师"，且成为布什处理俄罗斯事务的"专职教授"为其出谋划策，最终成功出任美国国务卿，实现了跻身白宫的誓言。

相信大家已经猜到了，她就是康多莉扎·赖斯，美国政府中有史以来职位最高的黑人妇女。她的长相一般，出身也不好，还面临着种族歧视，她之所以能从平庸走向卓越，也没有特别的成功秘诀，只是对于她想要的，她一直在努力争取，并为之奋斗。这种努力争取的积极行为，最终给她带来了好运，改变了人生轨迹。

无数事实在验证着这个观点，注定一个人是平庸还是卓越，不是你的出身，而是你的努力。也就是说，你现在的处境和状态并不打紧，关键是你向往的是怎样的生活？你喜欢的是怎样的人生？想要什么，你就去花时间、花精力去努力争取。努力的意义在于：只要你去做了，那么你就会有所收获。

当然，并不是所有喜欢都能量化或物质化，有些人的喜欢比较抽象，比如喜欢轻松的心境，喜欢脱俗的歌曲，喜欢诗意的栖居，喜欢诗和远方……这些追求也并不是口号，也许外人觉得如坠五里雾中，但真正懂得生活的人，非常明白诗、远方究竟代表什么，他们只是不想直白地将那些事物和地名说出来罢了。

争取喜欢的事物是一个令人兴奋又不安、痛苦又快乐的过程。比起按部就班地拿到一个自己不在乎的目标，去争取高于现状的事物必然带来新鲜和刺激，而"喜欢"这个发酵剂，又给人带来勇气和激情。喜欢，让人一下子就跳出了日常生活的种种限制，人们幻想着成功那一刻的喜悦，这本身就是幸福。

喜欢和得到是两码事，而且是相距甚远的两码事。争取的过程，困难接踵而来，任何超越必然带来极大的困难。多数人败下阵来，突然发现比起那个喜欢的目标，自己还是更喜欢轻松一点，于是，他们和自己的目标永远无缘，今后只能用羡慕或假装不在意的口气提起来，甚至不敢再提。他们开始将就着生活。

继续争取的人遇到了更大的困难，甚至遭遇到失败的打击，他们也开始怀疑"喜欢"的价值。幸好，他们有一以贯之的信念，即使迷惑，也要先达到目的，亲眼看看那个胜利果实。于是他们继续前进，每一段路都有新鲜的收获，他们开始留意路边的风景，开始正视自己的内心，开始欣赏同路的那些顽强的人，可以说，他们的人生因为对一个事物的喜欢，变得更加开阔。这个时候，成败，已经没那么重要。

不论是否能享受到最后的果实，争取喜欢的一切，都给人以难以形容的快乐享受。而那些能够一直坚持的人，大多数能得到自己想要的结果，体会到真正的喜悦。漫长的努力好过漫长的将就，前者让你的每一天都是新的，一段时间后，你会明显发现自己的进步；后者让你的每一天都是重复的，不管过多久，你的日子不会有任何变化。这种区别，难道不值得你大胆一次、改变一次、争取一次？

许多时候，我们努力的结果不是为了证明自己可以过得比别人好，而是为了证明自己想要的东西，通过自身的努力一样也可以得到，而且比预期的结果还要好。

此外，还有一个无法避免的问题，那就是：你喜欢的东西，未必适合你，这个时候还要争取吗？当然要争取，争取了才知道真的不适合，才能更了解自己，做出行动，提升自身能力。最重要的是，争取了才不会留下遗憾。我们想要不将就的人生，就是为了不留遗憾！

Chapter 9 / 跌宕起伏的人生，越过沧海，便是桑田

　　跌宕起伏的人生，我们都曾步步维艰,也许现在依然在默默挣扎,可这些都是人生的寻常际遇。不轻易抱怨，不轻易放弃，靠自己慢慢去经历，慢慢去品味，慢慢去体会。一个人只有走过这个过程，才能完成个人的成长和升华，收获丰满充实的人生。

01/ 没有谁的人生是容易的

有段时间，松松几乎见了谁都要发一番牢骚。她可牢骚的事很多，总结一下，主要有三个。

一是关于房子。父母本来有两套房子，却在房市低迷的时候，怕损失大贱卖了一套，结果后来房市大热，房价翻了几番，松松家悔不当初。松松总是说，想当年父母不卖这套房子，至少能供她留学，或者给她做个婚房。现在呢，父母最多给她个首付，剩下的钱，她要自己拼死拼活，每个月还银行贷款。

二是她的专业选择。当初她本来想学一门自己喜欢的文史专业，偏偏家人们纷纷怂恿她报考热门的电子商务，她没了主见，最后填报了这个专业。等她毕业的时候，这个专业已经成了明日黄花，不论考研还是就业都不吃香，她想起来就抱怨那些乱出主意的亲戚。

三是男朋友。她和男朋友从大二就开始谈恋爱，算来也谈了五六年，去年就开始谈婚论嫁，偏偏男友家里有个挑剔的妈，总是对他们指手画脚。松松觉得自己倒霉死了，遇到了一个多事的未来婆婆，却又不舍得和男友分手。勉强和对方父母搞关系，经常因为代沟而生一肚子气。但未来的婆婆又不是恶人，她也挑不出更多的毛病，只能忍耐。

松松认为全世界都在和自己过不去，她根本看不到生活的希望。她无数次假设如果父母没有卖房子，如果她选了其他的专业，如果男朋友的家庭不这么麻烦，那么她就会有富裕的生活，满意的工作，建立一个美好的家庭，这种情况多么令人向往！可是现实呢？松松不禁大为恼怒，又开始抓着人吐苦水。

　　显而易见，这位松松小姐以受害者自居，把和她有关的人都当成加害她的犯人。可是，他们为什么要加害她？有理由吗？完全没有。特别是松松的父母和亲人，他们当然希望松松能够有富裕的生活和满意的工作，正因为如此，他们才做出了那些决定，而松松并没有反对，甚至并没有意识到有什么不妥。松松的牢骚，实在是马后炮，今后还有多少人敢帮她？

　　更何况，松松有很严重的依靠心理，她把自己的责任完全地推到了别人身上。富裕的生活应该靠自己努力，满意的工作应该靠自己寻找，她却一味地把原因归咎为父母和专业选择失误，这不是本末倒置吗？她总是以为别人害了她，却始终没有自己的主意，就连恋爱问题都犹犹豫豫，既不想办法改变准婆媳的观况，也不分手，这真的是别人的原因吗？

　　这是典型的受害者心态，也是爱发牢骚的人的一大特征。最初，人们都会同情他们的遭遇，觉得他们运气差，有些人甚至想帮一帮他们。但是，当同样的话重复了三遍、五遍、十遍，人们早就忘记了最初的同情，变得厌烦，甚至有隐隐的鄙视。出于礼貌，他们不便当面说："那么你为什么还有时间唠叨？你为什么不马上想办法改变现在的状况？"

　　是啊，你为什么还在唠叨？你为什么不赶快改变你的现状？真的改变不了吗，还是根本不想解决，认为自己一辈子就是个倒霉鬼？没有人是天生的受害者，没有那么多的人想害你，想要做一个积极的人，现在就扔掉那受害者心态吧！

　　当你认为自己只是倒了点小霉，当你承认没有那么多人害过你，当你认清自己的失败，你就会发现，原来每个人的生活都辛苦，每个人都有大大小小的麻烦，谁活得也不比你轻松，你不会不平衡；当你发现仍然有人愿意帮你，仍然有人鼓励你，你会发现人与人之间的温情是暖心的存在，你不孤独；当你节省了牢骚的时间，开始踏实工作，你会发现自己做得不比别人差，甚至比别人好，你会骄傲……

总之，想要改变现状，做比说更重要。先抛掉受害者心态，再消灭依赖心态，同时克服懒惰心态，加强进取心态，你的生活不会比任何人差！你会像一个成功者那样唠叨起鸡汤式的名言："看来，'当一个人想做一件事，全世界都会帮他'，这句话是真的！"

02/ 人的力量，首先来自信念

认识阿亚的人都喜欢他安静随和的个性，他对任何事都保持着达观和淡定的心态，年纪虽轻，却有从容的风度。他现在虽然只是一个建筑公司的小助理，但见过他的人都觉得他将来肯定有出息，工程师们也都喜欢他。阿亚长相普通，却有不少女性把他当作理想丈夫的人选。

其实，阿亚从前也是个毛毛躁躁的人，而且容易冲动，初中时还曾经因为和人打架被学校记了大过。在老师们的教导下，他深刻反省，从此开始克制自己的脾气，渐渐成了一名好学生。在他房间的抽屉里，放了一些方块形的小纸片，上面抄录了他认为有道理的名人名言。他不时翻一翻这些小纸片，上面的话总能让他及时地静下心，让他反思自己。

"还能冲动，表示你还对生活有激情，总是冲动，表示你还不懂生活。"

"道在身何拙，心安体自舒。"

"不从恶人的计谋，不站罪人的道路。"

"应该根据她的行为，而不是根据她的言辞去评判她。"

"和花草谈心，你的生活便会多一些伴侣。"

……

这些话，都是他在阅读时读到的、和人谈话时听到的、他认为非常有意义的话。经常阅读这些简短的真知灼见，让他可以在最短的时间内控制自己的情绪，使整个人的状态放松下来。他的纸片并不多，因为他会定期清理，只留下他认为最有道理的那一部分。他说："越是简短、越是简单的话语，给人的力量越大。"

　　我们小的时候，会把座右铭写在自己的课桌、笔记本上，或者挂在床头。不知从什么时候开始，我们不再相信座右铭的力量，认为任何伟人的话语，说得再怎么漂亮，都不过是一句空话。想要成功，最重要的是行动，而不是激励。

　　行动比立志重要，这固然是真理，但也不能因此小看激励的作用。行动需要强大的心灵作为支撑，没有强大的心灵，遇到困难时会退却，遇到挫折时会悲观，遭遇失败时会放弃，哪怕别人的一句反对，都可能让自己七上八下，考虑其他目标。这个时候，你需要激励，特别是那些来自有智慧的名人的激励。

　　名人名言为什么被流传？因为名人本人就是个百折不挠、从失败到成功的典范。名人，在各自的领域取得了巨大的成就，他们有的童年不幸、有的身体残疾、有的生活不顺、有的受尽折磨，在这样困难的情况下，他们依然战胜了自我，战胜了生活，所以，他们说的话格外有说服力，让人们相信只要按照他们的指点，一定能取得成功。

　　可是，取得成功的人毕竟不多，或者说，人们对成功的要求太高，总认为过于普通的成功根本不算成功。所以，名人名言不再被成人重视，人们一天比一天实际。

　　名人没有魔力，名言也不是成功的咒语。相信座右铭，实质是相信自己的信仰和勇气。那些依然愿意从名人言语中汲取智慧的人，是俗世的智者，他们知道心灵的重要。信念稳固，行动才有依据，才有方向，才会持久。

　　人的力量，首先来自信念。

　　所以，不要小看座右铭的力量，收集一些你认为最有道理的座右铭，时常翻看，它们一定能抚平你心中的委屈和不甘，激励你的理想，指导你的人生。常常翻看座右铭，也会让你形成一种正面的心理暗示，在困难的时候，你会不自觉地想到这些话，进而得到力量。

03/ 在反对的声音中，沉默着努力

　　低起点的人都会遇到这么一个困境，当他们想要努力超越自己的时候，大多数人给他们的不是掌声，而是惊讶的目光和不掩饰的嘲笑，甚至有人好心好意地劝他们不要白费力气。没错，在很多人眼中，低起点的人永远低起点，逆袭只是神话，黑马并不存在，至少不存在于他们中间。很多想要逆袭的人，还没被困难压倒，就已经被身边的嘲笑声摧毁了决心，开始变得不自信，认为自己是在做梦。

　　有些人居心不良，他们不愿意看到一个人用心努力，那会反衬自己的懒惰，更会带来直接的心理压力。他们希望所有人都和自己一样混吃等死，抱有这种想法的大有人在。有时候，他们甚至故意打击努力的人，满足"我不好别人也不想好"的阴暗心理。

　　还有一些人泼冷水并不是出于忌妒，而是关心。没错，真的是关心，他们怕努力的人忙了半天没有结果，这种关心的实质就是他们打心底里不相信努力，不相信一个低起点的人能走到高平台，更不相信这样的黑马会出现在自己身边。

　　有些人则是自诩聪明，自以为了解对方，自以为了解这个社会和这个世界，他们会说一些"没有背景不可能的""年纪太大一切都晚了""起点这么低你在做梦吗"一类的建议，他们有点自以为是，认为自己不行别人也不行，他们其实是一群心灰意冷的失败者。

　　想做一件积极向上、脱胎换骨的好事，竟然有这么多反对声？说好的全世界都来帮忙，人与人之间温柔的鼓励呢？在哪里？鼓励一定有，还是这些人，你摔倒了他们未必不扶你，你开口了他们未必拒绝你，只是打从心底里不相信你有这个能力罢了。所以，你何必在乎他

们的看法？这个时候，你就应该装聋作哑！

蜗牛大王组织了一次比赛，让一群蜗牛选手在一棵参天大树下聚集起来，看谁最先爬到最顶端，得到第一名的蜗牛可以获得代步的坐骑，这个奖励让许多蜗牛跃跃欲试。但是，当它们看到那100多米高的大树，纷纷选择放弃。

最后有29个选手参加比赛，当它们开始往上爬时，森林里的动物们都来呐喊助威。没多久，动物们看着那高大的树泄了气，它们小声地议论："这么高的树，一只蜗牛怎么会爬得上去？""听说连猴子都没到过最顶端。""它们根本不可能成功。"

这些议论都落进参赛选手耳朵里，有些还在使劲蠕动身体向上爬，有些突然觉得连猴子都上不去的地方，蜗牛肯定也去不了。又过几个钟头，几只蜗牛宣布放弃了。

放弃比赛的那些蜗牛和动物们一起议论起来，它们说起爬树多么不容易，目标多么遥远，并信誓旦旦地说："一只蜗牛绝对不可能爬得上去！"这些话仍然落进选手们的耳朵，更多的蜗牛放弃了，继续坚持的蜗牛不到十只。

比赛还在继续，不断有蜗牛放弃爬树，围观者们已经开始讨论剩下的那些还能坚持多久，什么时候能放弃，这大大干扰了选手们的注意力。更多的选手累了，宣布退赛，最后，只剩下一只蜗牛还在爬，而且，它竟然在众人的议论中，爬到了最高处，成了第一名！

动物们大为惊讶，纷纷向那只蜗牛祝贺，这时它们才发现，冠军原来是个聋子！

遭遇非议的时候，我们都曾希望自己是个聋子，可以什么都听不到，专心做事。这其实是一种消极的抗拒心态。主动的人在这个时候选择装聋作哑，装作什么也听不懂，有人来问计划、问目标、问想法，一律不回答。因为你一旦回答，别人就会开始建议，这里不行，那里也不行，你还是会得到一盆冷水！

　　起点低的人难免会接受冷眼和冷水，这个时候必须摒弃杂念，奋起直追，而不是解释、争执甚至发怒。装聋作哑一番，承认自己起点低，承认自己不成熟，用态度回绝别人，让他们少来烦你。在沉默中积蓄力量，早晚有一天会让所有人都惊讶。逆袭的时候要低调，做任何大事都可以使用这一招，装聋作哑，帮你减少麻烦和摩擦，让你有更多的时间学习、思考、奋斗，把外界的干扰降到最低！

04/ 迎着困难上，挺住就是胜利

人的一生，总是要与问题为伍。从呱呱坠地到盖棺论定，从衣食住行到定国安邦，从平民百姓到公子王孙，每一个人都会遇到各种各样、大大小小的生活难题。活着，就是要不断地处理问题，没有人能够脱离。面对困难，不少人会被蒙蔽，动摇了，退缩了，忍着心痛说一句"没办法"。

比如，有的人在工作中不能按时完成任务，若问其原因，他会理直气壮地给出理由："这太难了，我能力有限，实在没办法。""唉，我太倒霉了，做点事情竟遇到麻烦了。""老板故意给我出难题。"……总之，他们不是认为自己在做一个"不可能完成的任务"，就是动辄责怪自己运气不好和他人不仁。

仔细想想，是真的"没办法"吗？绝大多数时候，办法是有的。

在很小的时候，很多人都会记得这样的顺口溜："困难像弹簧，你强它就弱，你弱它就强。"事实上，最简单的真理往往就是最直白的。

面对难题，无非两种态度：知难而退或者迎难而上。那些成功人群之所以成功，就在于他们从来不曾回避难题，从来不曾畏惧困难，更不会轻言放弃，他们总是迎难而上，把"难"当成非克服不可的障碍，积极思考和行动，最终克服了别人克服不了的困难，解决了别人解决不了的难题。

方超在一家五星级大酒店做保安，平时工作琐碎又繁重，方超又缺乏经验，时常会遭遇一个个难题，但他常提醒自己要不畏困难，要把每一个难题当成锻炼自己的机会，提高自己的机会。因为不畏难，他的事业发展得十分顺利，工作不到两年就被提拔为大厅主管，其中一件事情很有代表性。

一天，方超在酒店大厅见两个外国男士正对着一个小姑娘大发雷霆，他们的样子看上去非常着急，方超上前一问才得知，这两位男士来自法国，这次结伴前来中国旅游，但正准备入住酒店时却发现两人的护照丢失了。没有护照的话，他们的旅游就无法正常进行了，而且还会造成很大的经济损失。导游打电话询问了同事，大家都没有见，她不知道怎么办，一时间手足无措。

对于这种事，方超原本可以不管，但他想既然人家来到我们酒店，遇到了麻烦，我就应该帮着解决。于是，方超和两个男士详细询问了护照上的姓名。紧接着，他根据客人收据上的乘车信息，拨通了出租公司的电话，但是经过对方自己查找，并没有发现护照。至此，方超并没有放弃，继续和机场相关部门联系，可是还是没有找到。两个最有可能的地方都没有，说明护照很可能彻底丢失了。

不过方超还想再努力一下，他反反复复回忆客人提供的线索。突然想到，客人曾经抱怨在机场附近的一所餐厅就餐时，人又多又挤，他心想：护照很可能是掏钱时从钱包掉出去了。于是，方超立即拿起电话拨通了这家餐厅的电话。幸运的是，好消息传来了：客人的护照已被工作人员捡到，护照失而复得。

此后不久，方超便从一个小小的保安当上了大厅主管。

面对故事中的情景，相信不少人会客气地表示拒绝帮助，也或者会在尽了一些努力而没见成效之后选择放弃。但是方超却没有这样，他没有找一些退缩和放弃的理由，而是选择在难题面前多拼一下，他付出比常人多一些的努力去解决问题，经过一番不懈的尝试和努力，最终将事情圆满解决。

"难"往往是阻碍前进和成功的第一障碍，但如果我们经常冷静地分析，这个"难"有时只是一种心理反应，是懒汉躲避努力的手段，是平庸者放弃奋斗的借口。

当难题来临，最好的方法就是不逃避、不放弃、不找理由搪塞。

人生中的各种复杂场面，有时候看似难上青天，令人手足无措，但只要我们多动动脑子，换个角度去思考问题，找准一个突破口，问题便可迎刃而解。

高明是一个"海龟"，毕业于美国一所著名大学的计算机系。博士毕业后，他想在美国找一份理想的工作。可是由于他的起点高、要求高，结果连续找了好几家大公司，都没有录用他。眼看着口袋里的钱都要用光了，思来想去，高明决定收起所有的学位证明，以一种最低身份求职。

高明拿着自己的高中毕业证前去寻找工作，并声称自己只想在工作岗位上锻炼自己，学习学习，哪怕不给工资也愿意做。不久，他就被一家大企业聘为程序录入员。程序录入员是计算机系列中最基础的工作，对他来说简直就是小菜一碟，但他仍干得一丝不苟，并且看出程序中的错误，并适时地向老板提了出来。

老板发现高明居然能看出程序中的错误，非一般的程序录入员可比，对他自然多了一份认可和欣赏，同时也很好奇。这时，高明才亮出学士证，于是老板给他换了份与大学毕业生对口的工作。

又过了一段时间，老板发觉在这个工作岗位上，高明还是比别人做得都优秀，就约他详谈，此时高明才拿出博士证，而且是美国一所著名大学的博士证。老板对高明的水平已经有了全面的认识，又佩服他能够踏踏实实地做好每一项工作，便毫不犹豫地重用了他，高明终于得偿所愿。

在生活和工作中有许多问题很难用直接求解的方法得出答案，在碰到困难强攻不下时，我们不要总在想着求助他人，或者干脆早早放弃，不如在充分认识当前局势的基础上，分析对比，转换一下角度，从侧面来思考问题，该转弯时就转弯，该绕道时就绕道，也许就有了柳暗花明的改变。

　　生活中有一座座困难之山，要想取得成功，就必须不怕曲折坎坷，不惧路远山高，一路拼搏。记住：没有过不去的坎，办法总比困难多。当然，这需要我们不受沉疴思维的摆布，多动脑，多思考，让思维尽情去发挥，什么难题都不会是问题。

05/ 未到人生终点，任何结论都为时过早

每个人都会埋怨，特别是遇到挫折的时候，难免埋怨自己不够努力、上司指令有问题、同事不够给力、时机不对、对象不好、环境不合适……换言之，人们总要为挫折找一点借口，给自己搭一个台阶，或者用自嘲排遣心中的郁闷。

大多数的埋怨都来自挫折，人们因挫折而定义自己，说自己运气不好，说自己性格不好，说自己能力不足，于是，埋怨挫折变成了埋怨自己，埋怨自己又变成埋怨环境。埋怨者时而肯定自己，时而否定自己，在这些摇摆的话语中，自信正在远离，失败的阴影正在扩大，有多少满腹埋怨的人，最初只是个认真的、偶尔埋怨一两句的奋斗者？当他们不能把握埋怨的尺度，当他们不能看清挫折的本质，他们的人生轨迹悄然改变。

大三那年，小秋对小语种有了兴趣。她决定报一个西班牙语学习班，让自己多一项技能。她自己给自己分析，现在的就业趋势这么严峻，多学一门语言，就多一个机会，也许她还能因此取得留学的机会，她越想越美。不过，小秋家境一般，还有一个弟弟在读高中，家里可没有多余的钱给她。好在她平日节省，还把奖学金攒下来，交完语言班的学费，存款还有剩余。

小秋兴致勃勃地开始了她的西班牙语言之旅，上了两堂课她傻眼了，这个语言班的老师是个中文不灵光的西班牙大龄留学生，根本不会教学生，除了能陪他们练练口语，干不了更多的事。一同去学习的人要么不来上课了，要么联合起来向学习班抗议，要求换老师。学习班的负责人说，初级班只需要他们掌握标准的基本口语，中级

班和高级班的老师都是正规的西班牙语言教师，还给他们看那两位老师的资历。

明知道学习班策略狡猾，学生们毫无办法，只能硬着头皮学完初级班，再报中级班。这一下，小秋的存款全都空了，还向同学借了不少钱，每天吃最便宜的饭菜，省下生活费一点点地还。那段时间她的心情糟透了，有时间就骂学习班太不负责任，骂自己脑子进水。但学费交了还是要继续学，她化悲愤为力量，发愤学习，进步飞快。

中级班的课程持续了半年之久，老师也不错，小秋的语言水平也有了大幅度的提升。这一天她看到学习班的官方网站上招聘初级西班牙语教师，她灵机一动，跑到负责人的办公室，提出自己可以当初级教师。她是语言班的佼佼者，又拿到了证书，负责人前后一想，决定让她当助教带小班。

小秋大喜过望，当助教虽然辛苦，但她拿到的工资可以继续支付高级班的学费，而且生活费也宽裕了。她突然觉得自己的前途一片光明，等她在高级班毕业，也许可以自己开个学习班，她越想越兴奋。看来，她不是摔了个大跟头，而是得到了一个大机会。

人们埋怨的起因绝大多数是挫折。人生大小挫折不断，有的人咬着牙消化掉，有的人找人倾诉几句求个心理平衡，也有的人耿耿于怀，总是忘不了。前一个挫折还在折磨自己，后一个挫折随后就到，悔恨、恼怒、自责等情绪一再积累，终于变成了埋怨，埋怨完自己再埋怨他人，继而埋怨环境。"倒霉，倒霉，我怎么这么倒霉"，你也许经常听到这句话。

故事里的小秋有很多理由埋怨，被骗了要埋怨，被骗导致的生活拮据要埋怨，心情不好当然也要埋怨，这都是正常的埋怨范畴，只要不过度，可以当作一种有益的发泄。小秋的成功之处在于她除了埋怨，还懂得思考。她知道如何止损，如何权衡，而且目光还很长远，最重要的是，她并没有因为连续的挫折而选择放弃。因此，她在挫折中迎来了转机。

失败是成功之母，这可不是名人发明出来安慰失败者的名言。多少人可以印证这句话的正确？爱迪生，实验上千种材料发明了电灯；林肯，遭遇一连串人生失败最后当了总统；J.K.罗琳，一个靠救济金生活的单身妈妈，5年时间才写完一本《哈利·波特》……这些人大起大落的经历明明有极大的说服力，就是有人不相信。

人与人的分界线就在于此。同样面对挫折，有的人想的是补救，是做得更好，于是他们充电，他们花费更多时间，他们不放弃；另一些人怀疑自己，止步不前，被失败压得喘不过气，于是不停发埋怨。把时间花在了完全不同的地方，当然就会有完全不同的结果。

不要因为一两次挫折而一味地埋怨。埋怨，是你对事情下了最终结论，是你给自己定了性。你以为你在诉说个人委屈和苍天不公吗？你说的是："我是一个失败者。""我没有能力弥补错误。""我以后也不会成功。""我唯一能做的就是发发埋怨。"

不要那么早地对一件事下结论，就意味着还有机会。即使在绝境沙漠中，只要不放弃行走，就有可能找到水源。生命安危如此，稳定的日常生活更没有让我们提前放弃的理由。面对挫折，尽快寻找原因，将事情继续向目标推动，前路还长，转机正在等你。换言之，不必把挫折当作失败，而应把它当作成功路上的考验，我们都应该做一个勇士。

06/ 只要你还有决心，就可以重来一次

罗罗有一个听上去体面又闪亮的头衔：时尚编辑。她的穿衣打扮非常时尚，手里拎的包也是名牌，手机里有各路明星的电话，参加各种时尚聚会，经常出席各种发布会。她发在朋友圈的与明星的合照引起过不少同学的羡慕和点赞，看上去风光无限、人生得意。事情真的是这样吗？只有罗罗自己知道。

罗罗每天的工作就是拍片和写作，她的确认识不少明星，看似是不错的资源，但时尚圈的人都知道，想要更进一步，靠的不是明星，而是真正的时尚品牌资源。罗罗从业7年，眼看到了30大关，却根本没机会积累多少资源，依然过着外表光鲜、实际苦闷的生活。到了这个年龄，再想有所作为，几乎不可能了。

罗罗明白自己的职业选择并不适合自己。她毕业时明明可以进入出版社工作，却被五光十色的时尚圈吸引，宁可拿着低薪也要进圈子。如今，她虽然也有一个"总监"头衔，却并没有多少含金量。想要跳槽，这个行业要求的就是资源、资源、资源，她根本没有好机会。和她一样情况的前辈们到了这个年龄纷纷转行，不是去网站当了时尚编辑，就是干脆去广告公司当了文员，真让她心惊。想到自己7年努力，最后只能转行，她不甘心。

一个偶然的聚会，罗罗听到了她的老上司白女士的近况。罗罗刚当编辑时，白女士是她的领导，带她赶场，教了她不少东西。不到一年，白女士就辞了职，据说她自己开了个淘宝店。聚会上，人们说起白女士的时尚店已经成了有名的"星店"，白女士不卖所谓的爆款，专门在国外淘有格调的小牌子衣服饰物。3年前，她还请了设计师，

创立了自己的服装品牌，卖得不错。

罗罗记得白女士辞职的时候，也是30岁，她和自己一样，觉得在这个行业没有发展，才另谋出路。那么白女士恐怕也有过"多年忙碌最后一场空"的叹息，她是怎么度过辞职后的难熬日子的？回家后，罗罗思前想后，终于接受了这样一个事实——她的前半生努力失败了，她入错了行，选了并不适合自己的工作，她的前途是一条死路。

真正接受这个事实后，罗罗比自己想得要轻松很多，她开始积极地寻找出路。她询问了很多有经验的人，又对自己做了全面的分析，确定自己更适合操作流程相对固定的出版业，而不是整天都要交际的时尚圈。她决定去一个出版公司当图书编辑。虽然月薪一下子降了一半多，她又是个"大龄新人"，但她依然充满信心。罗罗相信这一次，她选择了一条正确的道路，她一定可以在适合自己的领域里一展拳脚。

失败，现代人最不喜欢的词语之一。失败就是否定，当你失败的时候，你首先否定的是自己使用的方法，毫无疑问，它错了；然后否定自己的能力，毫无疑问，它不足；还会否定自己的努力，否定自己的素质，否定自己的选择，甚至否定自己的人生。失败的阴影有多大，完全取决于个人如何去想。

很少有人能潇洒地告诉自己："失败是成功之母。"这是一句苦涩的安慰。失败，总是伴随着对人生的质疑。局部的失败，我们尚能自我排解；根本的失败，简直否定了一个人的人生意义。就像故事中的罗罗，努力7年，却发现自己不过得到了一次失败的教训，这教训真是惨痛又心酸。

失败最容易带来消极，因为否定，因为摆在眼前的败局，也因为他人的同情或挖苦，都是人们很难立即走出失败的原因。无形之中，他们延长了失败的时间，扩大了失败的影响，他们在失败之后又一次败给了自己的消极。失败最大的害处，就是让人丧失了自信，一次重大失败后，人们不论做什么都会下意识地问自己："我能行吗？不会再失败吧？一定会再失败的。"

走出失败只能靠自己，可以肯定的是，越早走出失败，就越早能找到转机。转机不会降临到一个垂头丧气的人头上，而那些在失败后不停补漏子、找不足、找门路的人，让旁人看到了他们百折不挠的毅力。这样的人，不论改弦更张，还是亡羊补牢，都让人愿意信赖，愿意帮助。失败的经验也让他们更加小心、更加慎重、更加成熟。

失败只是人生的一次考验。当我们成功的时候，自信满满地想要取得更大的成功。当我们失败的时候，人生不也一样要继续下去吗？无论何时，只要我们还有决心，就可以重来一次，希望你永远不放弃重来的机会。

07/ 在困顿之时，把希望填满

一个人在顺利的时候，往往能够按照自己的计划不断前行，但是一旦遭遇不幸，身处困顿之时，又该如何去做呢？

"不放弃希望"，一位哲人说，"一个人，即使他一无所有，只要他有希望，他就可能拥有一切；而一个人即使拥有一切，却不拥有希望，那就可能丧失他已经拥有的一切。"

小张和小李两人是大学的同班同学，毕业后两人开始一起找工作。当时的就业形式非常紧张，普通的工作都十分难找，想找到适合自己的工作就更难了。于是，他们便降低了要求，到一家工厂去应聘。这家工厂正在招聘的岗位是保安，工资不高，但管吃管住，小张和小李为了温饱留了下来。

小张虽然留了下来，但在他看来这样的工作太丢脸了，不仅需要一天到晚地巡逻，还得不到别人的尊重，因此他总是自怨自艾，工作时懒懒散散，这种情况被老板发现了几次，刚开始老板认为他刚毕业缺乏锻炼，再加上工作辛苦，就原谅了他。但是小张依然得过且过，结果被公司开除了，连生活费都没有了。

与小张不同，小李抛弃了大学生身份给自己带来的压力，无论天冷天热，无论刮风下雨，夜以继日地坚守岗位，踏踏实实地工作。与此同时，他也没有忘记继续学习，下班后坚持阅读，跟着工厂的前辈学技术，还考取了人力资源管理证书。小李任劳任怨、勤奋好学的表现给老板留下了很好的印象。

就这样过了一年，小李成了老板的助理。

小李之所以能够获得比小张好的发展机会，就在于他不曾放弃希望。虽然他对保安的工作也不满意，但他没有像小张那样自怨自艾，甚至自暴自弃，而是学着慢慢充实自己，慢慢地把人生的希望填满了。

所以，在任何情况下，你都要给自己留一点希望，告诉自己：眼前再糟糕的境遇都算不了什么，这些都是暂时的，总会过去的。只要你不放弃希望，就没有什么是不可以，没有什么不可能，没有什么是做不到的。希望，希望的力量会推动着你一直前进，直到你获得梦想的成功。

关于这一点，著名的美国电影《肖申克的救赎》中的安迪做了印证。

故事发生在1947年，很有前途的青年银行家安迪因妻子被杀，被误判无期徒刑，关进了美国肖申克监狱。安迪知道自己是无罪的，他寻找线索、时机，准备洗刷自己的清白，但当获知妻子被杀的真相、政府腐败、官匪同流合污时，他知道自己根本不可能通过正常法律程序洗清冤名，只能越狱。

肖申克监狱守备森严，犯人们想要逃跑出去，恐怕只能是一个美好的理想化的空谈？面对这种逆境，安迪没有精神崩溃、焦虑不安，而是认为"每个人都是自己的上帝。如果你自己都放弃自己了，糊涂地坐以待毙，还有谁会救你……希望与信念是不可战胜的，可以令你感受自由。强者自救，圣者渡人"。

为了争取自由和梦想，安迪努力控制和调适自己的情绪，高度机警、睿智思考、巧妙回旋，寻找契机。他用了一把刻石的小板斧，20年持之以恒地挖掘通道，终于逃出了监狱，追求到自由和希望——蓝天白云下，安迪在另一个国度，以另一个崭新的名字、身份，开始了他向往已久的航海生涯。

"每个人都是自己的上帝。如果你自己都放弃自己了，糊涂地坐以待毙，还有谁会救你……希望与信念是不可战胜的，强者自救。"

这是安迪的一段自白，说的多好。

在身陷绝境的情况下，那些囚犯早就放弃了希望，甚至认为"希望只会让人痛苦"，但是安迪并没有失去希望，更没有一蹶不振，而是心中一直坚持对自由的希望，他冷静地寻找着"出口"，一毫米、一厘米地靠一个小板斧挖掘越狱通道，坚持不懈地挖了整整20年，最终越狱成功，摆脱困境。

逆境中不放弃希望，这恰恰是最难的，很少有人能够在明知道没有希望的情况下还寻找希望，我们常常能从年长的人口中听到这样一句话——"人啊！最好不要和命运抗争！"但是，当安迪在逆境中战胜命运的时候，我们深刻地感受到了抗争的力量，也不得不钦佩于他的勇气和胆识。

没有一次困顿是毫无价值的，在困顿中，也许看不到一时的光亮，但是必须要不断提高自己的意识，不断充实自己，主动积极地行动。

被日本人推崇为"经营之神"的著名企业家松下幸之助，曾经历过卧病在床、发不出薪资的窘境。他在《路是无限宽广》一书中回忆这段日子时写道："只要我们本身具有开拓前途的热忱，从心灵深处拜各种事物为老师，虚心去学习，即便处境困顿，前途依旧是无可限量的。"

希望，不需要是多么远大的理想和目标，它可以很小，哪怕只是平常日子里的一个小小的心愿，一份小小的期待。比如，下个月要实现怎样的职业目标；为自己报一个有兴趣的培训班；年底为自己安排一次长途的旅行。这些事情可能微不足道，但对于自身而言，却可以滋养出乐观向上的精神内涵。

从现在开始，每天晚上睡觉前，想象一下你渴望的生活，想象一下你渴望成为的自己。然后，第二天睁开眼的时候，就对生活心存美好的期待，暗暗下定决心让自己这一天都过得快乐，有了对幸福的美好期盼，还有一份勇气和耐心，不管明天是晴空万里，还是暴风骤雨，都执着而坚强地走下去。

时刻提醒自己：这是一条通往幸福的大道，路途遥远，但是希望永远会为自己护航。

当你在困顿中沉淀出惊人的力量时，就是即将取得最后胜利的前兆。

Chapter 10 / 从小世界走向大世界，相信生命中的无限可能

面对偌大的世界，即使我们穷尽一生去探索，了解的也不过是冰山一角。所以，千万不要将自己封闭起来，因循守旧，墨守成规，只有走出自己狭隘的小圈子，勇敢地体验和尝试各种新事物，才能不断更新自己，成就生命中的无限可能。

01/ 未来的路只有一条——逃离"舒适区"

赵小民关掉电脑，迅速出了公司赶地铁。他在地铁口随便买了份快餐带回家，这是他每天的晚餐。他正在为考研做准备，白天工作，晚上复习，一分钟都不能浪费。他不知道离开学校3年后还有没有机会回去，如果有机会，他一定争取留校，外面的世界实在不适合他。

赵小民怀念他的大学生涯，他是几个主要老师的得意门生，还是学生会的干部，有不少女孩子喜欢他，身边还有很多哥们儿。因为成绩好，他在学校做什么都顺利，即使他在人际交往上不那么灵活，脾气有点固执，别人也宽容他。可以说，他在大学那4年，是他人生中最舒服的4年。

他也有过创业的梦想，他的计划是大学毕业先进一家公司积累经验，过个几年自己出来搞IT。因为有这个打算，他拒绝了学校的保研资格，大踏步地开始他的新生活。

没几个月，他就被现实泼了冷水。他进了一家大公司，人才济济，他这个大学时的优等生，在一堆优等生里不算什么。其他人不但成绩好，还有各种特长，总之，他们都比赵小民更适应社会，得到的机会比赵小民更多。

赵小民也试着向他们学习，无奈他既不会应酬，还总和同事有摩擦。有时候他需要拿着公司的产品去给客户演示，他一紧张，笨嘴拙舌说不清楚，还忘了很多信息点，导致客户不满。他还曾被客户投诉过。赵小民哪里经历过这么多失败，一时间对自己失去了信心。

情况并没有好转，赵小民好不容易习惯了工作，却发现同期进来的新员工早已经走到了他的前面，有的甚至跳去了更好的公司。赵小民的业绩一直平常，能力虽然在提高却一直不够出色，他一天比一天郁闷。上司性格严肃，不太爱给人好脸色，这让赵小民更紧张，总觉得没多久自己就会被开除。

患得患失的日子过久了，赵小民更加怀念大学时代，那时候多好啊，根本没这么多烦恼。他为什么不考研，不留校做老师？虽然工资不高，但活得舒服，不用这么累。他突然想放弃工作，重回学校。又过了一段时间，他因为精神总是不集中，弄错了程序，被上司训了一顿，这让他下定了考研的决心。

赵小民联系了过去的老师，买了教材，每天刻苦读书，经过大半年奋斗，终于通过了笔试。至于面试，根本不用担心。他终于回到了梦寐以求的校园，并像他希望的那样留校了。这时他已经快到而立之年，他的工作是学生辅导员，偶尔带带课，想要职称，还需要努力几年。

婚姻问题摆在眼前，前几年他忙得没时间交女朋友，现在他工作才刚刚起步，找女朋友真不容易，只能拖着。这一天学校开毕业生招聘会，他组织学生参加，刚好看到了他以前的上司。从上司那里他得知，当年上司一直很看重他的能力，已经准备帮他升职，没想到他突然辞职了。一边说，上司一边摇头。

赵小民听了，摇摇晃晃，险些摔倒。他突然不明白，自己为什么还要回这所学校。

每个人都有自己的舒适区，这个舒适区主要指性格、行为、思想上的某些习惯，只要不偏离这些习惯，不违背这些规律，就会让我们感到安全和幸福。在这个区域内，我们做什么都是对的，只要努力就有一定的成绩，不会让自己身心俱疲，它像个避风的港湾，用以抗拒现实世界里自己不想接受的一切。

每个人或多或少都有自己的舒适区，包括心理和生活。这个区域的确提供了某种稳定和安全，也可以说，一直在这个区域并不会带来生活的风险，按部就班也可以慢慢进步，所以人们习惯舒适区，渴望舒适区，离不开舒适区。

一旦走出这个心理舒适区，人们立刻变了脸色，怀疑和恐惧接踵而来。首先感到不自在，继而感到有压力，要做自己不擅长的事，别扭；要接触自己不熟悉的人，麻烦；要克服很难克服的困难，累。这些情绪一下子席卷而来，人们发现，还是在熟悉的环境里做熟悉的事最舒服。于是，舒适区扩大了，从最初的心理感受，固定为一项要求不那么严格的工作，一些关系不那么密切的朋友，一个属于自己的不那么宽敞的房间。

但是他们满足了，只要自己舒服，为什么不满足呢？就让一切就这样进行下去吧，不要想远大的志向，不要想自我的超越，只要享受这岁月静好和现世安稳，多美啊。可是，偶尔看看舒适区外面的世界，突然感觉到巨大的落差感，这种失落怎么解决？只能不停自我安慰，说这样很好，别人是别人，我是我。

的确，我们需要休息的地方，需要温馨的家，甚至给自己制造出心理上的舒适区。这个舒适区的原理很简单，从自己的理想处找一些碎片，勉强拼在一起，就像故事里的赵小民，他想要工作顺利、生活顺心、看得到稳定的前途，于是回到曾经有过风光的校园。他的生活不好吗？从某种意义上来说，他过上了自己想要的生活，那么他为什么后悔？因为人的理想终究在现实之上，一个人不会甘于某一种现状。一旦进了舒适区，就再也不能进步，生活平淡又重复，丧失了理想和激情。

但是，现实世界远不如我们想象的那么美好，路途是遥远的，紧赶慢赶总是很难达到目标；环境是有压力的，需要改变自己的个性去迎合；人心是复杂的，人与人的交往或多或少带着利益的冲突；工作是劳累的，似乎永远做不完；想要做什么事总是没时间，一再耽误……我们每天都要面对这些现实。

逃离舒适区并不是坏事，得到的不是居无定所的生活，可能是巨大的成就。一个人敢于离开舒适区，本身就有远大目标，有足够底气，还有决心和坚韧的意志。当他们脱离习惯生活，在挑战中塑造自己时，他们的观念、性格、头脑都随之改变，他们要去适应多变的社会，不断丰富自我经验，为的是取得胜利。

舒适区是我们自己制造出来的，我们将自己的生活、工作、能力、喜好一一衡量，选择那些最不费力的部分，当作我们的生活理想。其实它不是理想，而是一个温柔陷阱，你会在舒服的生活中逐渐丧失进取心，逐渐只能习惯一种生活，应变能力离你远去，抗风险能力越来越差，你还会越陷越深，直到再也跳不出去，成为井底之蛙。

井底之蛙过着什么样的生活，也许不必为温饱担忧，也没有太大的风险，但活动范围只有那么一丁点，每天看到的都是相同的景色，竖起耳朵也能听到一些声音，却不知道别人究竟在做什么。这能称为理想吗？一个人的追求难道就是当井底之蛙？醒醒吧，别再沉溺在温柔的舒适区里，看看外面的世界，你已经落后太多，再不追赶就来不及了。

人之所以会对现实产生畏惧，是因为现实与理想的差距实在太大了，大到他们站都站不稳，连连摔跟头。被摔怕的人只能躲进舒适区里，至少那里安全。俗语说，理想饱满现实骨感，不论你有多大的梦想，只要接触现实生活，你都会觉得失望，觉得烦恼。对待这种落差的态度，导致了人与人的不同。

有人执着地缩短这段落差，有人执着地寻找舒适区，在一个较长的稳定时期内，二者似乎都很努力，都有所成就，后者甚至比前者更为稳定，更让人羡慕。但过了这个时期，你会发现前者不断进步，很快到达了普通人无法企及的高度；后者止步不前，可以预计一生只能如此。这是因为舒适区并不那么容易找到，需要付出一定的努力，找到后虽然能给人舒服，却从此将人限定在一个区域内，很难再有突破。

除非，这个人愿意主动离开舒适区。

同样是努力，同样是劳累，为什么不寻找更高的地方，而只是找了一个禁锢自身发展的舒适区？想要躲进舒适区，不妨想想你迄今为止的努力，也许再坚持一下，再多走几步，你的人生就会跃上一个新台阶。如果你放弃，你会安全地降落在软绵绵的舒适区，睡上一个好觉，第二天醒来，发现自己的努力白费了。你的机会已经溜走，美好的未来与你无关，你只是一个贪恋安稳生活的平凡人。

02/ 有危机感的人，都是有远见的人

小赵的父母一直劝她考公务员，找一份稳定的工作而，她却自顾自地寻找实习单位，准备当一名销售员。父母和她的一次次谈话，每次都不欢而散。父母说她不听话、不安分，没社会经验就知道瞎忙；小赵觉得父母的观念太陈旧，简直还活在几十年前。

小赵和那些刚刚准备进社会的"90后"一样，个性十足，头脑清楚，有很强的实干精神。父母认为人生以稳定为上，她不是不懂。人生当然需要稳定，劳保医保不能少，养老费也要存够，还要有存款应付意外，这些东西，一个稳定的工作能够给她，但能持续多久？一辈子？她相信只有人的能力是一辈子的事，其余的都不可靠。

就拿她父母来说，一个公务员一个教师，算是最稳定的工作。他们家的生活也还算不错，但存款已经缩水。她劝父母买些基金，父母连连摆手，告诉她基金都是骗人的，还把网上的新闻拿给她看。他们总认为自己的生活很安全，结果，年前家里换了套房子，存款被掏走一大半。物价也让两个吃死工资的人经常唠叨。饶是这样，他们还是认为小赵应该像他们一样，稳定就行。

代沟让小赵感到很无奈，她认为就是这种一定要稳定的思想，耽误了父母的发展。当年，父亲的同事邀请他辞职创业，父亲害怕风险没去，如今那同事已经是个老板，开了3个厂子；母亲也曾被一所私立学校邀请，她也因为害怕风险放弃，如今那个私立学校开了分校，名声越来越响，小赵保守估计，母亲当年去了，现在至少能在那边当个副校长。白白放弃这么好的机会，她都不知道父母当初究竟在想什么。

小赵是个孝顺的女儿，她没和父母吵多久。工作确定后，她找父母恳谈一番，说到现在的经济形势，说到家里的条件，还说起她未来的打算。她说父母太没有危机感，她不能这么做。倘若她只拿一份死工资，今后父母有什么事，她也许连帮忙的能力都没有。女儿大了，说的话也不是没道理，父母最终默默点头，两代人达成和解。

一个人之所以沉溺于小世界，最大的原因是缺乏危机感。环境没有给人施加压力，就不思进取，不想改变，不知不觉成了一个依靠环境的被动者。一旦环境发生动荡，小世界首先坍塌，安于现状的人是第一批受害者，倒霉的是，他们早就丧失了适应能力，注定要比那些一直在努力的人活得更辛苦。

每个人都有极强的适应能力，从生理到心理。倘若穿越到原始社会，谁也不会甘心坐以待毙，没几天就学会了生火、打猎、缝衣服、盖房子。想要保持这种能力，就要时不时给自己一点危机感，督促自己远离享乐思维，争取进步。那么，如何提高危机感呢？

想想自己曾经失去什么

每个人都曾有过"失去"的体验，那真是一种痛苦的体验，原本属于自己的东西突然就成了别人的，好好的机会就在眼前突然擦肩而过，因为粗心没有拿到更好的成绩，因为迟到没有赶上一次重要面试，因为年少无知没能好好珍惜最爱的人……回想这种感觉，你是不是很痛心？令你更痛心的现实是，如果你继续舒适，你可能会失去更多的东西，包括现在的生活。

看看优秀的人

有些人对自身的成就感到满足，他们认为自己尽到了努力，达到了目标，对人生已经满意，只想安于现状；有些安于现状的人甚至没有努力过，完全接受了自己的身份。这个时候，应该看看身边那些优秀的人，他们取得了怎样的成就，过着怎样的生活，他们住多少平方米的房子，开什么牌子的车，业余时间有哪些娱乐？

这并不是在鼓励攀比，本书也不会教导你变得虚荣。适当的比较是必要的，甚至是必需的。比较，让你对同龄人的生活和自己的未来有一个具体的概念，让你知道自己差了什么，才会发现舒适的生活其实有很多不足，才会促使你继续奋斗。注意，比较的时候，一定要找比你优秀的人，千万不要说什么"比上不足，比下有余"，那是庸人的逻辑。

多多了解社会

你是那个经常关注国计民生、会和朋友们谈谈时事的人，还是两耳不闻窗外事、一心只过自己的小日子的人？建议你多多关心一下我们的社会，你才会知道自己的安乐窝并不安乐。社会处在转型期，会有各种情况发生，几年前吃香的职业，如今已经无人问津，如果你什么都不知道，你早晚成为社会的弃儿。

关心社会可以让你了解更多知识，得到更多机会。例如，关心政策的人，利用新政策来改善自己的买卖；关心物价的人，总能节省生活成本。了解的过程也是思考的过程，你的思想深度也会不断加深，这又会给你的事业以正面的影响。一句话，千万不要窝在屋子里。

预测个人未来

很多人不知道自己的未来会怎样，不如来预测一下。打破你安乐的想法，来一些负面想象，倘若你遭遇了失业，你能够马上找到下一份工作吗？你的能力够吗？你的想法有很多人欣赏吗？你有强大的人脉关系吗？你的存款足够你找到满意的工作吗？如果这些答案不太理想，你还有什么理由享受安乐？

这并不是教导你消沉，最大的危机是没有危机感，失去忧患意识，一个国家尚且祸乱四起，何况平凡的人呢？常常想想自己的未来，你就会自觉地加快步调，多做一些，多学一些。当然，也没有必要自己吓唬自己，要知道，努力的人在哪里都有出路，即使发生危机，努力的你也会是最快适应、最快崛起的那一个。

03/ 因为我更向往征服更高的山

"我想成为很幸福的女性，被人家爱，生活很舒适，有各种精神和物质的享受，而且都达到比较高的层次。物质上，所谓高，绝对不是穿名牌，而是身体没病，永远是舒适的感觉，自由自在的，欲望能得到满足。精神上，读有趣的书，写有趣的书，听美的音乐，看美的画，观赏令人心旷神怡的风景，和喜欢的人在一起……总之，我希望让自己生活在快乐之中，其他的一切都不必追求和计较。"

这是著名社会学家李银河女士写下的一段话，短短不到200字，却勾勒了一位女性对人生的终极追求。这段话其实适用于一切对人生质量有要求的人，它的核心是不低俗、不放纵、有目标、有快乐。有这样的明确的愿望，才可能专注于自己的事业和生活，放下不相干的烦恼，抛弃消极的想法，一心提高自己的修为。换言之，人生需要眺望，而不是沉沦。

眺望是对自我的超越

人很难对自己满意，特别是那些消极的人，对自己处处不满意，挑剔自己的外貌，挑剔自己的身高，挑剔自己的口才，挑剔自己的运动神经，挑剔性格习惯能力等和自己有关的一切。他们看着别人，感觉别人的世界那么精彩，别人的条件那么好，别人的优点那么出众。其实别人未必更好，只是消极的人总把自己放在一个更低的位置，看谁都比自己高。

此时应该培养眺望思维，在高处观察自己，全面、客观、冷静，而不是偏执、情绪化。你有过失败却也有过成就，有缺点也有优点，在公平的标准下，你的人生是平整的，甚至小有成就，你并非如自己想的那样一无是处。这样的认知与自我理想结合，你能够看到自己未来的形象，那一刻你超越了自我，清楚地看到了自己必须走的路。

眺望是对生活的超越

人生下来就有好奇心，在山脚下想知道山峰上有什么，在山峰上又想知道下一座山有什么，这种好奇奠定了我们生命的基调——不停跋涉，不断探索。可惜这种探索的意图常常在生活趋于稳定之后停顿。不是人们的好奇心变弱了，而是忙碌的生活让他们无暇关注生活之外的东西。因此，一天比一天忙乱，一天比一天琐碎，即使休息也惦记着家务，即使旅行也想着未完成的工作。没有新鲜的见闻，没有感人的经历，只有不断重复的平凡生活，灵魂钝化了，思维僵硬了，人们对自己的评价越来越低。

有时候消极并不会通过特别大的情绪波动来显现，它只是让人麻木，让人相信平淡无奇就是生活的本来面目，相信自己只适合做一个俗人。当你发现自己的麻木，你需要抛开生活去眺望，回头看看曾经的自己好奇什么，追求什么；再看看前方有什么，什么东西让你激动，吸引你摆脱平凡。眺望，就是对生活的反思，通过思考让每个人重新定位生活。

眺望是对目标的超越

什么时候开始，我们的目标变得越来越低。最初，我们说的是理想；然后，我们说的是打算；最后，我们只剩下一个最基本的目标，也许是月末按时完成任务，也许是月初如数拿到工资。我们抛弃了更大的目标，认为它们不切实际。我们甚至嘲笑那些依然拥有理想的人，认为他们在做白日梦。这一切是因为我们站在谷底、井底、金字塔最底层，不敢梦也不敢想，我们害怕受到同样的嘲笑，更害怕幻灭和失败。

　　"会当凌绝顶，一览众山小。"古人的诗句里包含着眺望的豪情，这是真正的人生理想。而我们所说的低谷，是攀登之前必然要经历的。人生就像山峦一样起伏，如果我们始终在消极的低谷里徘徊，就不可能知道高处的风景。所以不妨在现实基础上把目标提高，把步调加快，有了更高的位置，你才能眺望，才能确切知道现在的生活，离你曾经的理想多么遥远，才能下定决心奋起直追。

　　人生应该有更高的追求，更多的快乐，更好的享受，每个人都应该有这样的追求。学会眺望，看更多的风景、更多的人、更多的路。生活有更多的可能，你会遇到更好的人，通向目标的道路不只一条，眺望让你的心胸更加开阔，目光更加长远。你渐渐脱离了琐碎，成为一个充满无限可能的人。

04/ 不仅要定目标，还要做计划

想要将自己的能力发挥到淋漓尽致，想要让自己的生活充满无限可能，并不需要每天都保持亢奋状况，不断地面对新鲜刺激，那样的生活根本保持不了，还会出现身心疲惫和神经负担。我们的任务是想办法不断设立目标，让人生充满挑战。

目标是十分重要的。如果自我生活是个恒定沉闷的机器，目标就是发条，每一次为目标努力，都是拧发条，让整个生活有序运作起来，因为目标明确，这种运作也就杜绝了浪费时间，不会让你白忙一场。尽管很多人明白这个道理，却很少有人做到，他们总会遇到各种各样的问题。

为此，我们不仅要定目标，还要做计划。

在制定目标的时候，有人已经乱了手脚，犯了好高骛远或妄自菲薄的错误；在完成目标的时候，因为缺乏周详的计划，时而奔跑，时而懈怠，前者带来疲惫，后者带来懒惰，全都耽误了进度；因为对目标风险没有明确的认识，出了问题手忙脚乱甚至放弃；因为对目标结果存在过多的幻想，在实践中一一落空，结果失去了冲劲，导致目标落空——一个目标从制定到完成，需要考虑太多的因素，所以，目标不是口号。

那么，该如何确定目标、实行计划？我们可以将一个富有激情的想法拆分为七个步骤，当你决定执行的那一刻，它就不再是空想。只要你一步步完成它，成功率极高。选择一个短期内能达到的目标，来进行你的目标实验吧。中期目标和长期目标暂时放在一边。

列出目标

不论这个目标是工作上的某个任务，还是生活中某件必须完成的事，或者爱好上的某种进境，以及你突然想要学习、了解、体验的某件事物，将它写下来。注意，一定要找一个有一定难度又不超过你的能力范围的目标。

日期限定

规定起始日期和完成日期，一定要用准确的年月日，而不是笼统的"大约半个月""十天左右"，这些约数会造成你缺乏时间概念，进而影响效率。日期的确定，会把时间明确在某个区间内，逼迫你每一天都检查进度，避免拖延。记住，日期限定是效率的保证。

制订计划

写出完成目标的具体步骤，例如每一天要做什么，每一天完成多少。在这个设想阶段，不论想到什么都可以记录下来，不断扩充。不要草率地写一张纸条，计划值得你花费几个钟头，一步步完善。你在计划上用的时间多一些，实际执行过程中，就会省去很多不必要的思考时间。

评估风险

一定要想到执行中可能遇到的困难，把它们列举出来，并制定妥善的应对方案。都说计划没有变化快，很多计划都由于突来的意外而流产，所以，不要把条条框框卡得太死，要预留一些空间和时间，让风险能转圜，千万不要什么都不想直接上手，那样最容易自乱阵脚。

列举回报

这是最让人激动的环节，也是最重要的激励手段。将达到目标后的回报写下来，你会加倍有干劲儿。特别是在执行过程中一点点得到回报的感觉，非常令人回味。不过，不要把回报想得太美好，否则有幻灭的可能。既要有梦想，又要客观。

此外，害怕自己中途懈怠，就找个信任的人监督，监督和计划表是双重压力；觉得厌烦的时候，就多看几遍回报部分，支撑自己坚持下去；事情结束后，不论结果如何，都要总结一下经验，思考下次如何做得更好。多完成几个短期目标，你就会熟练地掌握目标计划的关键，你的人生从此也会井然有序。

05/ 去寻找那个点燃你的"引信"

古人提倡"读万卷书，行万里路"，就是想让人们多出去走走，多看看那些不同的风土人情，尝试自己从未见过的事物，唯有如此，才不会在一方小小天地里变成一个书呆子，才能吸收新鲜知识来保证思维的活跃，让生活充满激情和动力。

所以，我们一定要多尝试，看到什么事，就要试一下，就要问一问，这种好奇心就是成功的引线。如果能把好奇心上升为行动，你得到的将不只是好奇心的满足，还有整个生活的充实。

"见过羽毛状的沙漠吗？"

美国青年普纳在推特上发表的一组照片，让他的朋友们惊喜不已。这个假期，普纳一个人跑到了遥远的罗布泊，他拍下了奇特的羽毛状沙漠，科学家还在研究这种沙漠的成因，普纳只想和朋友们分享这一奇观。这不是普纳第一次分享沙漠照片，他还曾经拍过蜂窝状沙漠、梯田状沙漠。不要以为他只是沙漠爱好者，他还喜欢峡谷和瀑布，他拍摄的峡谷照片还曾经刊登在地理杂志上。

没错，普纳是旅行兼摄影爱好者。这两个爱好几乎改变了他的人生。从前，他是一个非常平凡的青年，读着普通的大学，学着不感兴趣的专业，每天和身边的朋友一样上课、娱乐。偶然一次，他被拉去墨西哥参加徒步旅游，从此爱上了这种休闲方式。

他突然开始认真学习，不旷课，认真地复习每一门功课，为的是拿到丰厚的奖学金，买他想买的摄影设备；他的业余时间也不再是流连聚会或逛街，而是频繁地出入旅游爱好者聚集的咖啡馆。从前他是一个盲从者，现在他成了一个组织者，有时在网络上发起同城摄影交流活动，有时干脆组织二十几个人，包了大巴一起出去旅游。

　　普纳以前不善言辞，但旅游途中需要交流，需要与队友们合作，作为组织者更需要沟通能力，他迅速地提高了自己的沟通水平，就连他自己也想不到，他可以和英国的农民侃侃而谈，可以在中国西部城市买东西，可以在墨西哥和当地人一起聚会联欢，他说，倘若没有他的爱好，他一辈子都不知道自己能做这么多事。

　　越来越多的人羡慕普纳的生活，佩服他能够按照自己的愿望做想做的事。对此，普纳不以为意，他认为每一个人都可以生活在激情中，保持快乐的状态，关键在于他们究竟有没有这个愿望，有没有决心为了自己的愿望，做那些从前不敢做、不愿做的事。

　　围绕一次尝试，你必须提高自己的能力，必须应付从前应付不了的困难，当大目标确定后，你会乐意做出一些改变，你会发现之前认为做不到的事其实没那么难，你甚至会庆幸自己试过了，不然就不可能知道自己的能力究竟有多少。尝试，保持人们生命的热情，每个人都应该做一个尝试者。

　　尝试未必能带来收获，有时甚至会让你费时费力白忙一场，别人说你瞎忙，你自己都会觉得浪费时间。但是，失败同样有意义，失败能够让你正视自身的缺点，能够让你得到丰富的经验。而且，不论尝试什么，只要用心，你都会深刻地了解某一事物，积累自己的知识，丰富自己的阅历，至少，这件事会成为有趣的谈资，当你和别人说起自己曾做过这样一件失败的事，你得到的不会是嘲笑，而是他人的惊讶，他们会饶有兴致地问："你竟然做过这种事，真不可思议！你能说得详细一点吗？"可以说，勇于尝试的人从来不缺少谈资。

　　可惜，现代人的思维里有太多"价值论"，想要做一件事时，他们会不断问自己："做这件事有什么用？""能够给我带来什么好处？""会浪费我多少时间？""成功率有多少？""是否得不偿失？""这样做有意义吗？"想得多了，事物丧失了吸引力，人们变得兴致不高，再也提不起劲儿，一次很好的成功机会就这样被价值论扼杀，人们带着惋惜，庆幸自己做出了"明智的"选择。

看，扼杀成功的最大因素，并不是担心能力不足而引起的胆小，担心经验不够而引发的畏缩，而是我们头脑里给自己定下的各种限制。不能耽误时间，不能浪费精力，做自己该做的事吧，这才是一个成年人的规矩——可是，该做的事究竟是什么？按部就班地工作？安安稳稳地生活？尽量避免意外？少做不靠谱的尝试？

可是，正是因为每天都在做这些事，我们才会失去激情，才会缺乏动力，才会抱怨无聊，才会觉得生活琐碎不堪。我们该做的事，难道就是守着没有活力的规矩一直到来？多么矛盾的现实，这就是我们应该接受的吗？

相信你也不愿意一直维持这个状态，那么何不像普纳一样，给自己找一个新鲜的爱好，在未知领域享受探索的乐趣？就算你去了沙漠，只要有心，也能在沙漠里发现一片有趣的天地！当心中有目标的时候，你的情绪和精力会被充分调动，你会觉得每一天都是精彩的！

所以，现在开始就去寻找那个点燃你的"引信"，暂时找不到也不要紧，多尝试那些新鲜事物，多看看身边的朋友在尝试什么，从他们那里汲取经验。不论是旅行还是研究，是养花还是养动物，是接受艺术陶冶还是接受自然熏陶，是瑜伽还是户外运动，你尝试越多，就越会发现机遇无处不在！

06/ 记住，你不是一个人在战斗

奥莉芙是林晓的网名，她现在已经是网络上知名的彩妆达人。起初，她在豆瓣上参加化妆小组，与人分享自己的妆容，交流护肤经验。她的图片虽然不是十分精美，却因为真实得到很多人的喜爱，粉丝们喜欢奥莉芙真诚的态度。在豆瓣上火了后，她转战微博，收获了更多的粉丝，并开了一家淘宝店。

奥莉芙的工作其实和彩妆毫无关系，她只是一个内向而爱美的女孩子。她在网上发布图片只是为了交流，没想到却有这么大的收获。她不善言辞，也不懂经营，工作也不稳定，网上的点击量让她看到了未来的希望，她也希望和很多网红一样，在网店经营中站稳脚跟，有自己的事业。

对奥莉芙来说，这太难了。她特别不擅长和人打交道，之前做的也是不用和太多人打交道的文字工作。现在，要让她去搞批发，搞宣传，雇模特，请摄影师，落实网店的每一个环节，她压力倍增，开始大把大把地掉头发。但她知道不迈出这一步，她不可能做好这个网店。

她首先做的是提高自己的图片质量，她请一位网友做模特，又恳求一个技术过硬、脾气超级坏的摄影师帮她拍照片。磨合过程令她痛苦，但成片效果让所有人惊艳。她又学着和经销商们谈判，拿代理权，中间还被人骗过几次，吃了很多亏。好在她一一挺了过去，当网店从亏损开始盈利，她认为一切都值得。

她也因此交了很多朋友。以前，她认为朋友应该摒除利益关系，现在，她发现合作者也可以成为朋友，有了共同目标，他们能够更好地取长补短。渐渐地，她培养了合作思维，邀请多个美妆达人和她一起建立大型美妆海淘网站，扩大了自己的知名度和客户群，带来了新的商机。她走在成功的道路上，每一步都那么坚实，让人看到了她的成长和蜕变。

未来想要做什么？奥莉芙想要建立自己的品牌，她已经联系了一位日本朋友，找了一家小型日本工厂，准备用最新鲜的日本原料，打造真正高质量的护肤品。她还到处寻找销售人才和广告人才，她知道在这个时代，仅仅有口碑是不够的，广告打出去，产品才有销量。奥莉芙对自己的未来充满信心。

很多人认为，走单行道最舒服。理由一大堆：安全，风险小，方向明确，自由，不用考虑别人，不用担心意外。缺点只有一个，这条路太窄了，而且越走越窄。但依然有人孜孜不倦地走着单行道。这条道没法开车，于是他们只能慢吞吞地走，最多骑一辆自行车；这条道没法体会速度带来的快感，他们便会宽慰自己；这条道景色太少，他们说人要知足；这条道没有形形色色的车马行人，他们说要的就是清静；这条道人太少出了事没人管，他们说选择都有风险……

人们会为维持现状找各种各样的借口，令人啼笑皆非。

倘若故事里的奥莉芙只满足于她的小微博，她肯定不能成为一个成功的老板，她认识到单行道太慢太窄太旧，果断地选择大道，选择高速，这才实现了人生的目标。而那些只在幻想中飞跃的人，没有这种胆量，他们害怕单行道外的风险。

在古代社会，普通人当然可以做农民，自己种地、自己养蚕、自己织布，过的生活完全自给自足的生活；在现代社会，你当然也可以选择封闭，只要你对生活的质量要求不高。不过，谁会满足于只是吃饱的生活？所以必须适应现代社会的种种关系，培养共生思维。

共生是现代社会人与人关系的主题，双赢是人们的追求，互相借用关系把事情做得更好是每个人的共识，认识更多的人就可能有更多的机会，一切都要求人们从单行道走出来，走上人来人往的十字路，感受一下他人的忙碌和风采。你必须学着与更多的人相处，并从这相处中得到知识，得到经验，得到机会。

与他人相处，你才能与他人对比，发现自己生活中的不足。那个你以为安全舒适的小窝，原来并不稳定，原来还需要加固，你会主动改变自己，为自己争取更好的条件。

与他人相处，你才能真正了解世界。世界是多样的，每个人对它有不同的看法，了解了别人的立场，你会更懂得尊重；了解别人的见解，你会多一个看问题的角度；了解别人的生活，你会更加上进并感恩。世界这么大，你需要了解的东西太多了。

与他人相处，你才能得到更多机会。事业上的、生活上的、感情上的，哪怕别人给你介绍一个新的爱好，都可能让你的生活更有活力。

与他人相处，会让你真正成熟。相处需要技巧，需要智慧，你将在不同人的性格中寻找妥善的相处方法，你会伤心，也会失败，甚至会厌倦，但这一切都是成熟的代价……

最终的目的当然是个人的成就，当你学到了更多，懂得了更多，并得到了更多朋友，你的事业也在慢慢起步，你会发现自己不但有目标，还有自信，更有帮手。你会承认没有人能靠单打独斗建立自己的事业，你会后悔曾经独自一人在单行道上浪费时间。如果不想继续浪费，现在就拆掉你的单行道，去和别人聊聊吧。

有人因为怕麻烦而不想多交朋友。人心隔肚皮，谁也不知道谁心里想着什么，不断地猜测、试探、怀疑，再建立友谊，的确是一件累人的事。可是，为什么一定要把事情搞得如此复杂？以更加豁达的胸怀去接纳朋友，不要太在乎得失，就不会猜来猜去——自己心里也畅快，别人和你相处也舒服，何乐而不为？

不局限在小圈子里，让空气流动起来，才能带来新的信息、新的想法、新的智慧。和朋友相处难免会有摩擦，但只要懂得原则和容忍，不斤斤计较，你就会发现，在绝大多数时候，朋友带来的是关怀、安慰和关键时刻的帮助，完全值得你多费些心思，多包容一下对方的缺点。想要交朋友，不能怕麻烦，何况，只要你真诚相待，朋友带来的大多也是真诚。

07/ 越折腾，越优秀

你一定听过这样一个故事：一个经常出差的人，常常买到站票。不过，他每次都能找到座位。这让很多人感到惊讶。在一些拥挤的车次上，为什么他还能找到座位？究竟有什么秘诀？这个人的答案很简单。

"一直找下去。"这个车厢不行，就去下一个车厢，多看，多问，只要一直找，一定会看到空座或找到一个下站下车的人。回答平平无奇，根本算不上秘诀，但有多少人做得到呢？没有座位的人会产生一种安于现状的惰性，认为自己买到站票，就应该没座。就算他们在其他车厢寻找，也不过找上两三节，就再也不想折腾。只有这个人会一直找下去，直到找到最舒服的状态。

不要抗拒老掉牙的故事，能够流传的老故事通常大有学问。我们为什么缺乏激情？就是因为把任何事都看得太过平淡。其实任何一件事，哪怕这样一个老掉牙的故事，也有值得思考的有趣之处，也可以提炼出他人的智慧，甚至唤起我们对事业的激情。不如现在就来说说这个故事和激情的关系。

首先应该想想，为什么车厢里那么多买站票的人，有人能够找到座位，有人找不到？很简单，大多数人懒得一直找，他们总有这样的心态：

"没座就没座吧，谁让我买的是站票。"

典型的逆来顺受心理，别人安排什么，他就做什么。即使偶尔想想改变的可能，看到没有机会，就放下念头。很多人都这样，给自己划定了一个界限，再也走不出去。他们甚至会嘲笑那些来来回回找座位的人，认为他们都是在白费力气，只有自己是"识时务"的高手。那么如果别人找到座位呢？他们心里后悔自己没去找，嘴上却说别人只是"撞大运"。

"折腾什么？还不如站着。"

典型的不思进取，只要有一个相对能接受的环境，哪怕自己不那么满意，也劝说自己"那么做更累，还不如现在这样呢"。于是，安于现状渐渐变为胆小，变为循规蹈矩，变为自我麻痹。站得久了，再看看拥挤的车厢，竟然觉得自己有一块站的地方就不错了。人的进取心就是这样一步步退化，退到他自己都察觉不到自己的麻木。

"折腾这么半天也没结果，不折腾了。"

典型的半途而废，从最初的有干劲到遇到困难放弃，不断给自己施加负面暗示，花费了很多力气，有时只离成功几步远，却选择了放弃，让人惋惜不已。难怪古语说"靡不有初，鲜克有终"。这样的人大量存在，他们一生中有很多机会，都败在了第99步的劳累上，终于没能成功。

"站着比坐着好。"

这是典型的精神胜利法。明明不舒服，还要找借口证明自己舒服，生活中，我们会看到很多这样的人，他们说这是自我解嘲，是黑色幽默，其实就是一种不肯努力又要面子的劣根性。这样的思想倘若不根除，他们会始终当幻想中的胜利者，不做任何改变。他们唯一的激情就是做白日梦，而生活会越来越差。

不论生活还是工作，都要求人们经得起折腾。人生不是一帆风顺的，是一次接一次折腾的。所以，想要有所成就，必须不断折腾，面对困境，战胜困难，尤其是不能半途而废。一切折腾都有意义，你会发现你的心理承受力越来越好，意志越来越顽强，经验越来越丰富，创意越来越多，你的生活正由无聊乏味向多姿多彩转型。这时，你还抗拒折腾吗？人生，就是要折腾！

08/ 迈出人生第一步，没你想的那么难

有一种人对自己的能力有充分的认识，有一定的素质、一定的阅历、一定的观察力，还有自己的目标。偏偏他们缺乏冲劲，让自己过着碌碌无为的生活，十分令人惋惜。他们就是胆小的人。当然，人们往往会夸他们"安分"。

人人都说小单是一个安分的女孩子。安分到什么程度？学生时代，学校规定女生不能散着头发，她始终短发或扎马尾，即使在家里，也不会试试其他发式。父母老师说的规矩，她认真地遵守，即使有心"叛逆一回"，又怕被责备。她一直这么安分，就连高考志愿专业都在亲戚的建议下，选了适合女孩子的中文专业。

大学毕业后，她成为一个平凡的文员，工资不高但很稳定。和小单一起进公司的小谭总琢磨赚钱，她建议小单和她一起批发一些面膜、饰品和小工艺品，在外面摆摊赚点零花钱——她摆摊一个月，赚的钱有工资的一半。

小单心动了，但想到在街上摆摊，又拉不下面子。而且，她怕自己没有小谭那么热情，又不会推销技术，她怀疑自己根本赚不到钱。她思前想后，还是不敢做。后来，小谭辞职弄起了淘宝店，赚了不少钱，小单却还是拿着她的死工资。

小单的父母对她从小就要求严格，处处管教她。小单工作后依然和父母住在一起，天天被管着的滋味不好受，看着同龄人都在享受下班后的生活，她却要按时回家，做什么都向父母汇报。朋友建议她搬出去自己住，培养一下独立能力，她想到自己未必做得好家务，更害怕失去父母的照顾，一拖再拖，现在仍然住在父母家，每天闷着头听

父母教育。

小单无法改变自己的生活，谁劝她都没用。

安分具有一定程度的稳定性，但也会让自己郁闷，因为这会扼杀自己的无限可能。在现实生活中不乏像小单一样的人，他们内心不够强大，为了维护自身安全和既得利益，不敢去做哪怕是一点点的尝试。而这种行事风格，难免畏首畏尾，白白错失良机，到头来什么也没有，什么也不是。

为什么有些人愿意做安分的小单，却不去成为一个不安分的冒险者呢？我们不妨分析一下究竟有哪些原因让人们变得胆小。

当我们把顾虑一层层揭开，看到问题的内核，问题也就迎刃而解。

担心风险

这是胆小者最大的顾虑。失败的感觉太糟糕，挫折让人想要回避，能躲开这些比可能的成功更重要。毕竟现状虽然不如意，但也没那么不能忍受。还有人认为每个人的人生都有很多不如意，然后把维持现状当作一件理所当然的事——胆小成了习惯，就不再认为自己胆小，这不是悲哀的事吗？

担心丧失

初生牛犊不怕虎，因为不担心失去什么，所以做事无所顾虑。但作为一个半成熟的社会人，我们担心失去的东西太多了，担心失去安稳的生活，担心失去相对平静的心态，担心失去现有的环境，担心失去此时的优势……胆小的人就是如此，说到改变，首先想到的就是"我会失去什么"。是时候改改思考方式了，这时候你应该想想"我将得到什么"。

担心别人的眼光

胆小的人特别在乎别人的眼光，害怕改变旧日形象，更不敢做出让别人吃惊的事。如果硬要他们改变一下，他们会感到十分不安。在别人温柔的接纳和鼓励下，他们愿意迈出一步，可是，谁有空整日接纳你、鼓励你？其实，别人甚至没空好好思考你究竟在做什么，他们的评价，通常是看上一眼做出的。你何必在乎别人这无关痛痒的一眼和完全没有客观分析的一句话？

是算计风险，还是致求稳妥，这决定了我们是否能有别于过去。同时，这也是我们能否改头换面、开创崭新未来的关键所在。

当你看到现状已经完全不能让你满意，你每天都在忍耐的时候，改变的时机到了。要么继续做个胆小鬼，躲在自我保护的壳子里，到老也是老样子；要么大胆一次，拼搏一回，重新定位自己，主动寻找自信和成功。如此，你会发现机会并不少，事情没你想得那么难，关键是你要迈出第一步。